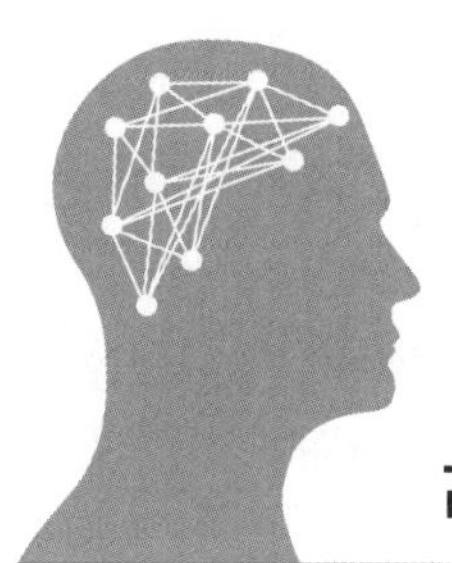

高等学校智能科学与技术/人工智能专业教材

自然语言处理实践

李轩涯　曹焯然　计湘婷　编著

清华大学出版社
北京

内容简介

本书融合统计学、语言学等知识，以“让计算机能够确切理解人类的语言，并自然地与人进行交互”为终极目标，研究能够实现人与计算机之间用自然语言进行沟通的系列理论与技术。本书兼具基础理论与编程实践，可作为高等院校计算机、信息技术等相关专业的高年级本科生或研究生的实践教材或参考书，也可供从事自然语言处理、数据挖掘和人工智能等领域研究的相关人员参考，是一本实用性极强的入门实践教材。

图书在版编目(CIP)数据

自然语言处理实践/李轩涯，曹焯然，计湘婷编著．—北京：清华大学出版社，2021.12(2023.4重印)
高等学校智能科学与技术/人工智能专业教材
ISBN 978-7-302-59746-9

Ⅰ．①自… Ⅱ．①李… ②曹… ③计… Ⅲ．①自然语言处理－高等学校－教材 Ⅳ．①TP391

中国版本图书馆 CIP 数据核字(2021)第 274209 号

责任编辑：贾 斌
封面设计：常雪影
责任校对：李建庄
责任印制：曹婉颖

出版发行：清华大学出版社
网　址：http://www.tup.com.cn，http://www.wqbook.com
地　址：北京清华大学学研大厦 A 座　**邮　编**：100084
社 总 机：010-83470000　**邮　购**：010-62786544
投稿与读者服务：010-62776969，c-service@tup.tsinghua.edu.cn
质量反馈：010-62772015，zhiliang@tup.tsinghua.edu.cn
课件下载：http://www.tup.com.cn，010-83470236
印 装 者：三河市铭诚印务有限公司
经　销：全国新华书店
开　本：185mm×260mm　**印　张**：10.75　**字　数**：266 千字
版　次：2022 年 1 月第 1 版　**印　次**：2023 年 4 月第 6 次印刷
印　数：11001～14000
定　价：59.00 元

产品编号：096232-01

高等学校智能科学与技术/人工智能专业教材

编审委员会

出版说明

当今时代，以互联网、云计算、大数据、物联网、新一代器件、超级计算机等，特别是新一代人工智能为代表的信息技术飞速发展，正深刻地影响着我们的工作、学习与生活。

随着人工智能成为引领新一轮科技革命和产业变革的战略性技术，世界主要发达国家纷纷制定了人工智能国家发展计划。2017 年 7 月，国务院正式发布《新一代人工智能发展规划》（以下简称《规划》），将人工智能技术与产业的发展上升为国家重大发展战略。《规划》要求“牢牢把握人工智能发展的重大历史机遇，带动国家竞争力整体跃升和跨越式发展”，提出要“开展跨学科探索性研究”，并强调“完善人工智能领域学科布局，设立人工智能专业，推动人工智能领域一级学科建设”。

为贯彻落实《规划》，2018 年 4 月，教育部印发了《高等学校人工智能创新行动计划》，强调了“优化高校人工智能领域科技创新体系，完善人工智能领域人才培养体系”的重点任务，提出高校要不断推动人工智能与实体经济（产业）深度融合，鼓励建立人工智能学院/研究院，开展高层次人才培养。早在 2004 年，北京大学就率先设立了智能科学与技术本科专业。为了加快人工智能高层次人才培养，教育部又于 2018 年增设了“人工智能”本科专业。2020 年 2 月，教育部、国家发展改革委、财政部联合印发了《关于“双一流”建设高校促进学科融合，加快人工智能领域研究生培养的若干意见》的通知，提出依托“双一流”建设，深化人工智能内涵，构建基础理论人才与“人工智能＋X”复合型人才并重的培养体系，探索深度融合的学科建设和人才培养新模式，着力提升人工智能领域研究生培养水平，为我国抢占世界科技前沿，实现引领性原创成果的重大突破提供更加充分的人才支撑。至今，全国共有超过 400 所高校获批智能科学与技术或人工智能本科专业，我国正在建立人工智能类本科和研究生层次人才培养体系。

教材建设是人才培养体系工作的重要基础环节。近年来，为了满足智能专业的人才培养和教学需要，国内一些学者或高校教师在总结科研和教学成果的基础上编写了一系列教材，其中有些教材已成为该专业必选的优秀教材，在一定程度上缓解了专业人才培养对教材的需求，如由南京大学周志华教授编写、我社出版的《机器学习》就是其中的佼佼者。同时，我们应该看到，目前市场上的教材还不能完全满足智能专业的教学需要，突出的问题主要表现在内容比较陈旧，不能反映理论前沿、技术热点和产业应用与趋势等；缺乏系统性，基础教材多、专业教材少，理论教材多、技术或实践教材少。

为了满足智能专业人才培养和教学需要，编写反映最新理论与技术且系统化、系列化的教材势在必行。早在 2013 年，北京邮电大学钟义信教授就受邀担任第一届“高等学

校智能科学与技术/人工智能专业教材编委会”主任，组织和指导教材的编写工作。2019年，第二届编委会成立，清华大学陆建华院士受邀担任编委会主任，全国各省市开设智能科学与技术/人工智能专业的院系负责人担任编委会成员，在第一届编委会的工作基础上继续开展工作。

编委会认真研讨了国内外高等院校智能科学与技术/人工智能专业的教学体系和课程设置，制定了编委会工作简章、编写规则和注意事项，规划了核心课程和自选课程。经过编委会全体委员及专家的推荐和审定，本套丛书的作者应运而生，他们大多是在本专业领域有深厚造诣的骨干教师，同时从事一线教学工作，有丰富的教学经验和功底。

本套教材是我社针对智能科学与技术/人工智能专业策划的第一套系列教材，遵循以下编写原则：

(1) 智能科学技术/人工智能既具有十分深刻的基础科学特性(智能科学)，又具有极其广泛的应用技术特性(智能技术)。因此，本专业教材面向理科或工科，鼓励理工融通。

(2) 处理好本学科与其他学科的共生关系。要考虑智能科学与技术/人工智能与计算机、自动控制、电子信息等相关学科的关系问题，考虑把“互联网＋”与智能科学联系起来，体现新理念和新内容。

(3) 处理好国外和国内的关系。在教材的内容、案例、实验等方面，除了体现国外先进的研究成果，一定要体现我国科研人员在智能领域的创新和成果，优先出版具有自己特色的教材。

(4) 处理好理论学习与技能培养的关系。对理科学生，注重对思维方式的培养；对工科学生，注重对实践能力的培养。各有侧重。鼓励各校根据本校的智能专业特色编写教材。

(5) 根据新时代教学和学习的需要，在纸质教材的基础上融合多种形式的教学辅助材料。鼓励包括纸质教材、微课视频、案例库、试题库等教学资源的多形态、多媒质、多层次的立体化教材建设。

(6) 鉴于智能专业的特点和学科建设需求，鼓励高校教师联合编写，促进优质教材共建共享。鼓励校企合作教材编写，加速产学研深度融合。

本套教材具有以下出版特色：

(1) 体系结构完整，内容具有开放性和先进性，结构合理。

(2) 除满足智能科学与技术/人工智能专业的教学要求外，还能够满足计算机、自动化等相关专业对智能领域课程的教材需求。

(3) 既引进国外优秀教材，也鼓励我国作者编写原创教材，内容丰富，特点突出。

(4) 既有理论类教材，也有实践类教材，注重理论与实践相结合。

(5) 根据学科建设和教学需要，优先出版多媒体、融媒体的新形态教材。

(6) 紧跟科学技术的新发展，及时更新版本。

为了保证出版质量，满足教学需要，我们坚持成熟一本，出版一本的出版原则。在每本书的编写过程中，除作者积累的大量素材，还力求将智能科学与技术/人工智能领域的

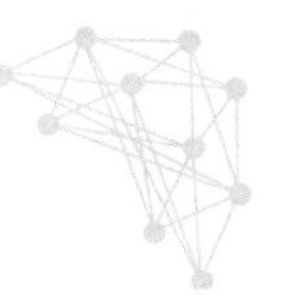

最新成果和成熟经验反映到教材中，本专业专家学者也反复提出宝贵意见和建议，进行审核定稿，以提高本套丛书的含金量。热切期望广大教师和科研工作者加入我们的队伍，并欢迎广大读者对本系列教材提出宝贵意见，以便我们不断改进策划、组织、编写与出版工作，为我国智能科学与技术/人工智能专业人才的培养做出更多的贡献。

我们的联系方式是：

联系人：贾斌

联系电话：010-83470193

电子邮件：jiab@tup.tsinghua.edu.cn。

清华大学出版社

2020年夏

总　序

以智慧地球、智能驾驶、智慧城市为代表的人工智能技术与应用迎来了新的发展热潮，世界主要发达国家和我国都制定了人工智能国家发展计划，人工智能现已成为世界科技竞争新的制高点。另一方面，智能科技/人工智能的发展也面临新的挑战，首先是其理论基础有待进一步夯实，其次是其技术体系有待进一步完善。抓基础、抓教材、抓人才，稳妥推进智能科技的发展，已成为教育界、科技界的广泛共识。我国高校也积极行动、快速响应，陆续开设了智能科学与技术、人工智能、大数据等专业方向。截至2020年底，全国共有超过400所高校获批智能科学与技术或人工智能本科专业，面向人工智能的本、硕、博人才培养体系正在形成。

教材乃基础之基础。2013年10月，"高等学校智能科学与技术/人工智能专业教材"第一届编委会成立。编委会在深入分析我国智能科学与技术专业的教学计划和课程设置的基础上，重点规划了《机器智能》等核心课程教材。南京大学、西安电子科技大学、西安交通大学等高校陆续出版了人工智能专业教育培养体系、本科专业知识体系与课程设置等专著，为相关高校开展全方位、立体化的智能科技人才培养起到了示范作用。

2019年10月，第二届（本届）编委会成立。在第一届编委会教材规划工作的基础上，编委会通过对斯坦福大学、麻省理工学院、加州大学伯克利分校、卡内基·梅隆大学、牛津大学、剑桥大学、东京大学等国外高校和国内相关高校人工智能相关的课程和教材的跟踪调研，进一步丰富和完善了本套专业教材。同时，本届编委会继续推进专业知识结构和课程体系的研究及教材的出版工作，期望编写出更具创新性和专业性的系列教材。

智能科学技术正处在迅速发展和不断创新的阶段，其综合性和交叉性特征鲜明，因而其人才培养宜分层次、分类型，且要与时俱进。本套教材既注重学科的交叉融合，又兼顾不同学校、不同类型人才培养的需要，既有强化理论基础的，也有强化应用实践的。编委会为此将系列教材分为基础理论、实验实践和创新应用三大类，并按照课程体系将其分为数学与物理基础课程、计算机与电子信息基础课程、专业基础课程、专业实验课程、专业选修课程和"智能＋"课程。该规划得到了相关专业的院校骨干教师的共识和积极响应，不少教师/学者也开始组织编写各具特色的专业课程教材。

编委会希望，本套教材的编写，在取材范围上要符合人才培养定位和课程要求，体现学科交叉融合；在内容上要强调体系性、开放性和前瞻性，并注重理论和实践的结合；在章节安排上要遵循知识体系逻辑及其认知规律；在叙述方式上要能激发读者兴趣，引导读者积极思考；在文字风格上要规范严谨，语言格调要力求亲和、清新、简练。

编委会相信，通过广大教师/学者的共同努力，编写好本套专业教材，可以更好地满足高等学校智能科学与技术/人工智能专业的教学需要，更高质量地培养智能科技专门人才。饮水思源。在高等学校智能科学与技术/人工智能专业教材陆续出版之际，我们对为此做出贡献的有关单位、学术团体、老师/专家表示崇高的敬意和衷心的感谢。

感谢中国人工智能学会及其教育工作委员会对推动设立我国高校智能科学与技术本科专业所做的积极努力；感谢清华大学、北京大学、南京大学、西安电子科技大学、北京邮电大学、南开大学等高校，以及华为、百度、腾讯等企业为发展智能科学与技术/人工智能专业所做的实实在在的贡献。

特别感谢清华大学出版社对本系列教材的编辑、出版、发行给予高度重视和大力支持。清华大学出版社主动与中国人工智能学会教育工作委员会开展合作，并组织和支持了本套专业教材的策划、编审委员会的组建和日常工作。

编委会真诚希望，本套教材的出版不仅对我国高等学校智能科学与技术/人工智能专业的学科建设和人才培养发挥积极的作用，还将对世界智能科学与技术的研究与教育做出积极的贡献。

另一方面，由于编委会对智能科学与技术的认识、认知的局限，本套教材难免存在错误和不足，恳切希望广大读者对本套教材存在的问题提出意见建议，帮助我们不断改进，不断完善。

高等学校智能科学与技术/人工智能专业教材编委会主任

陆建华

2020 年 12 月

序　一

2020 年，新冠疫情突如其来，日益成熟的人工智能在战疫过程中发挥了重要作用，疫情也加速了人工智能产品在各应用场景的落地，成为推动人工智能发展的催化剂。2020 年 3 月，中央明确了"新基建"进度，加固、升级人工智能长期发展创新的数字底座，开启人工智能发展新空间。当前，我国已然迈入"十四五"发展新时期，以人工智能为代表的科技和产业革命正在崛起，并涌现了一批"智能＋"的产业新应用、新业态和新模式，越来越多的人工智能技术从实验室中走出来，进入各个行业中，共同推动着我国经济社会的高质量发展。

事实上，人工智能的发展还处于从实验室走向大规模商业化的早期阶段。想要让人工智能的浪潮真正落地、赋能社会的各个方面，还有很长的路需要探索。以人工智能产业发展的主要动力之一——自然语言处理(Natural Language Processing，NLP)为例。最初，机器翻译的概念刚被提出时，科学家们对于人类自然语言的复杂性还没能充分地理解，语言处理的理论和技术均不成熟，进展十分缓慢。直至 20 世纪 90 年代，人们逐渐认识到"大规模"和"真实文本"的重要性，开始大规模真实语料库的研制及信息词典的编制工作，直接促进了计算机自动检索技术的出现和兴起。

NLP 之所以能够跨过瓶颈，再次发展，也是因为计算机科学与统计科学的不断结合，才让人类甚至机器能够不断从大量数据中发现"特征"并加以学习。不过要实现对自然语言真正意义上的理解，仅仅从原始文本中进行学习是不够的，我们还需要新的方法和模型。当前，人类对于人工智能的需求逐渐从计算智能、感知智能，转到以 NLP 为代表的认知智能层面，因此，NLP 这门融合语言学、计算机科学、数学于一体的学科，常被喻为是"AI 皇冠上的明珠"，代表着人工智能更美的诗和远方。目前，NLP 技术已广泛应用在电商、金融、物流、医疗、文娱等行业的多项业务中，它能够帮助用户搭建内容搜索、内容推荐、舆情识别及分析、文本结构化、对话机器人等一系列智能产品，也能够通过合作定制个性化的解决方案。

检验任何一项技术是否成熟，还需在具体的产业实践中去验证，而如何将理论与实践更好地结合，一直是我国高校教学的重要探索方向。《自然语言处理实践》这本教材由浅入深，不仅细致地对计算机处理自然语言的词汇、句法、语义、语用等各个方面的问题进行了探讨，介绍了自然语言处理的技术应用，同时兼顾实践，列举了该技术在各行各业具体开发和应用的案例，并逐一展开分析。本教材中的内容均基于我国产业级深度学习平台——百度飞桨丰富的开发案例，以紧贴产业应用中的实际问题，直观、具象地阐述了飞桨如何提供人工智能产业创新发展与转型所需的算力、工具、生态建设等相关资源，用当今的人工智能技术服务市场需求，推动人工智能应用落地。

科技需在不断的探索中发展前进。希望本教材能够为我国高校人工智能的教育工作带来指导，帮助未来的人工智能从业者们探索出一条高质量的产业发展之路。

中国工程院院士、清华大学教授

序　二

人工智能发展强劲，正以前所未有的速度和方式改变着经济发展与人民生活，成为经济增长的新动能和新引擎。有资料显示，到了 2021 年，我国人工智能市场将持续升温，市场规模将保持 30%左右的增长速度，总规模将突破 800 亿元。同时，市场对科技型人才的需求也居高不下。有报道称，未来 5 年内中国 AI 人才需求将达 1000 万，然而国内 AI 人才比例严重失衡。仅 2020 这一年，就已有包括北京、山东、广东、福建等在内的十多个省市发布了人工智能重点政策，可见我国对于人工智能人才的渴求与珍视。

人工智能人才缺口巨大，在人工智能与产业深度融合过程中起到关键作用的自然语言处理领域更是求贤若渴。在产业应用中，通过自然语言处理连接 AI 与产业，让机器拥有像人一样的"智能"判断能力，将直接提升 AI 落地产业的价值。但这一领域的进步"道阻且长"，核心障碍就是"语言不通"，如果解决了这道障碍，也就推开了人机交互的大门。有鉴于此，自然语言处理能够通过终端采集需要识别的项目，并对其进行分析，最终使机器能够理解人类要解决的问题，加强 AI 自身的工作效率，提高聊天、解题、翻译与对话等能力。为了推动这一领域进一步的发展，产业需要大量具有丰富实践经验的技术人才，而这类技术人才在市场上却是"一将难求"。

AI 赋能，教育先行，随着行业的持续火热与技术的广泛应用，培养顺应时代发展需求的人才，也成为迫在眉睫的事情。2018 年起，国内数百所高校相继设立人工智能学院或人工智能专业，推动国内 AI 人才培养，但教材方面仍相对"贫瘠"。智能科学技术正处在迅速发展和不断创新的阶段，其综合性和交叉性特征鲜明，因而在人才的培养上宜分层次、分类型，且要与时俱进。本套教材既注重学科的交叉融合，又兼顾不同学校、不同类型人才培养的需要，既有强化理论基础的教材，也不乏强化应用实践的指导。

本教材由清华大学出版社与百度联合出版，重点讲述人工智能下自然语言处理这一领域的理论与应用，围绕自然语言处理前沿方向编纂，汇集凝练了广大教师与学者的共同成果。教材从国内产业级深度学习平台百度飞桨服务 9 万多家企业的经验中取材，将适合学习者的应用案例融入其中，有效辅助学习者在学习了解自然语言处理这一项技术之后，由浅入深建立起直观、具象的知识体系，非常适合学者反复阅读、研究。

学以致用，方能推动发展，期望在本教材指导下的教学能让更多爱好者与学习者加深对研究、应用自然语言处理以及人工智能的兴趣，帮助他们打下坚实的技术基础，以便在未来将所学化为所用，共同推动人工智能与产业深度融合落地、高质量发展。

郑纬民

中国工程院院士、清华大学教授

序　三

作为引领新一轮科技革命和产业变革的战略性技术，人工智能快速发展，呈现标准化、自动化和模块化的工业大生产特征，与各行各业深入融合，推动经济、社会和人们的生产生活向智能化转变。在新的发展阶段，我国提出创新驱动发展战略，努力实现高水平科技自立自强。在新发展理念指引下，加快发展新一代人工智能、把科技竞争的主动权牢牢掌握在我们自己手里。一方面，增强原始创新能力，取得关键核心技术的颠覆性突破；另一方面，围绕经济社会发展需求，强化科技应用的创新能力，推进人工智能技术产业化，形成科技创新和产业应用互相促进的良性循环。

新发展阶段呼唤新型人才。我们需要既掌握人工智能技术，又具有行业洞察和产业实践经验的复合型人才。以制造业为例，产业需要的人才，是在熟悉人工智能技术的基础上，能够深入理解制造业各细分场景的生产特点、流程、工艺和运营方式等，将技术更好地与产业融合，提出创新、高效、落地性强的解决方案。技术只有切实解决了产业痛点，才能带动产业的智能化升级。

培养既有技术素养，又有产业经验的复合型人才，需要产学研各方通力合作，充分发挥各自优势。近年来高校陆续开设人工智能专业，加大人工智能人才培养力度，同时与产业界的合作也越来越紧密，共同研发面向产业真实需求的技术和应用。产学研协同创新的环境为复合型人才培养提供了肥沃的土壤和宽广的实践空间。本套教材在阐述理论知识的同时，实践应用部分采用飞桨深度学习开源开放平台，通过大量实践案例，通俗易懂讲解理论知识，帮助读者快速入门；通过真实案例的实操验证，帮助读者检验对相关知识点的理解和掌握。

培养复合型人才，既是当前的时势使然，更是主动把握未来，赢得长远发展的先手棋。希望伴随着数字化、智能化的浪潮，本教材能够帮助越来越多的读者、从业者成为加速数字经济发展、实现我国高水平科技自立自强的中坚力量。

王海峰

百度首席技术官

前　言

FOREWORD

近年来，人工智能行业的快速发展得到了社会各界的广泛关注，我国政府在《新一代人工智能发展规划》提出“到2030年，使中国成为世界主要人工智能创新中心”。与此同时，我国多所高校也陆续成立人工智能专业。2018年35所高校获教育部批准首批开设人工智能本科专业，2019、2020年新增人工智能专业的高校分别有180所、130所。然而，在人工智能行业高速发展的大背景下，AI人才仍然显得“供血不足”。

从当前的人才需求趋势来看，由于人工智能技术与业务落地实践结合非常紧密，行业亟需大量既懂理论又懂实践的应用型AI人才。作为人才培养的重要基地，我国高校人工智能人才培养目前还面临师资较少、经费不足、实践机会缺失等现实问题，导致目前高校培养的人才仍以学科型、研究型为主。关于行业需求量较大的应用型人才如何培养尚不明确，难以满足人工智能行业的深度需求。

为帮助更多人工智能爱好者了解产业需求，本书应用百度开源深度学习框架百度飞桨(PaddlePaddle)，通过大量自然语言处理实践案例，辅以理论知识讲解，帮助读者快速入门，理解核心知识点。并通过由浅入深的真实案例操作，对相关知识进行全面实战检验。同时，从自然语言理解(NLU)和自然语言生成(NLG)两个层面，带领读者探索自然语言处理的奥秘。本书兼具理论与实战，既能作为高等院校计算机、信息技术等相关专业的高年级本科生或研究生的实践教材或参考书，也可供从事人工智能领域研究的相关人员参考，是一本实用性极强的入门实践教材。

本书涵盖了大量源自百度飞桨平台的实践案例。作为我国首个自主研发、功能丰富、开源开放的产业级深度学习平台，百度飞桨已凝聚来自于各行各业的370万开发者，创建42.5万个AI模型，累计服务14万企事业单位，覆盖工业、能源、金融、农业、医疗、城市管理等众多应用场景。作者从百度飞桨中挑选了大量适合初学者学习的案例素材，以期通过真实的产业界实战练习，帮助读者更好地理解、应用相关知识点，完成从理论到实践的进阶，成为真正符合市场需求的应用型人工智能人才。

人工智能行业的发展离不开人才培养，应用型人才的培养离不开实践学习。希望本书的出现，可以帮助更多人工智能爱好者通过真实案例更深刻地理解理论知识，并在日后将书中所学应用到产业实践中，共同推动我国人工智能发展走向新高峰。

编　者

2021年11月

目　录

CONTENTS

第1章　自然语言处理概述

自然语言处理是计算机科学领域与人工智能领域中的一个重要方向，主要研究实现人与计算机之间用自然语言进行有效通信的各种理论和方法。自然语言处理是一门融语言学、计算机科学、数学于一体的科学。因此，这一领域的研究将涉及自然语言，即人们日常使用的语言，所以它与语言学的研究有着密切的联系，但又有重要的区别。自然语言处理并不是一般地研究自然语言，而在于研制能有效地实现自然语言通信的计算机系统，特别是其中的软件系统。因而它是计算机科学的一部分。自然语言处理主要应用于机器翻译、舆情监测、自动摘要、观点提取、文本分类、问题回答、文本语义对比、语音识别、中文 OCR 等方面。下面我们通过百度大脑的 AI 开放平台，对一些 NLP 任务进行体验分析。

如图 1.1 展示的是一个情感倾向分析任务，对包含主观信息的文本进行情感倾向性判断，为口碑分析、话题监控、舆情分析等应用提供帮助。还可使用 EasyDL 定制训练平台，结合业务场景深度定制高精度情感倾向分析服务。输入一段文本"内饰蛮年轻的 而且看上去质感都蛮好 貌似这些车蛮高档的"，模型会直接给出一个情感倾向。在这里我们很明显地可以看到该文本内容是负向内容，模型预测也是情感偏负向。下面我们再看一个新闻摘要的功能展示，如图 1.2 所示。

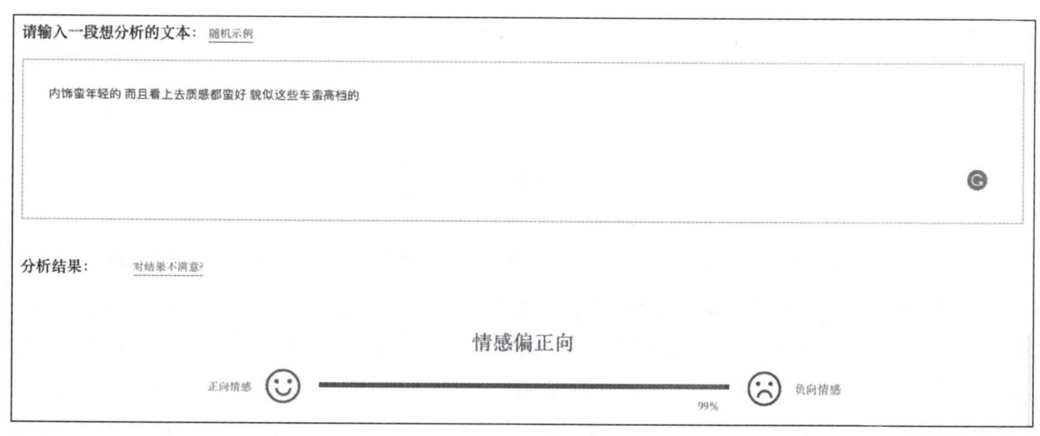

图 1.1　情感分析

输入一段长新闻文本"央广网北京 2 月 28 日消息 据中国之声《新闻和报纸摘要》报道，国务院总理李克强 2 月 27 日向第五届中德创新大会致贺信。李克强在贺信中表示，当前新一轮科技革命和产业变革席卷全球，科技创新正深刻改变着人类的生产生活方式。中德科技创新合作开创了大国科技合作的先例，为两国务实合作装上了大功率'引擎'。李克强指出，中国经济发展正处在新旧动能转换和结构升级的关键时期。我们将贯彻落实新发展理

请输入一段想分析的文章：随机示例

李克强向第五届中德创新大会致贺信

央广网北京2月28日消息 据中国之声《新闻和报纸摘要》报道，国务院总理李克强2月27日向第五届中德创新大会致贺信。

李克强在贺信中表示，当前新一轮科技革命和产业变革席卷全球，科技创新正深刻改变着人类的生产生活方式。中德科技创新合作开创了大国科技合作的先例，为两国务实合作装上了大功率“引擎”。

李克强指出，中国经济发展正处在新旧动能转换和结构升级的关键时期。我们将贯彻落实新发展理念，深入实施创新驱动发展战略，促进大众创业、万众创新上水平，加快建设创新

您还可以输入 2660 字

开始分析

分析结果

央广网北京2月28日消息 据中国之声《新闻和报纸摘要》报道，国务院总理李克强2月27日向第五届中德创新大会致贺信。李克强在贺信中表示，当前新一轮科技革命和产业变革席卷全球，科技创新正深刻改变着人类的生产生活方式。希望中德双方汇集众智、增进共识，深化科技创新交流合作，推动两国经济社会健康发展，为全球经济注入新动力。中德政府间科技合作协定签订40周年暨第五届中德创新大会27日在京举行。

图 1.2　新闻摘要

念，深入实施创新驱动发展战略，促进大众创业、万众创新上水平，加快建设创新型国家。希望中德双方汇集众智、增进共识，深化科技创新交流合作，推动两国经济社会健康发展，为全球经济注入新动力。中德政府间科技合作协定签订 40 周年暨第五届中德创新大会 27 日在京举行。两国科技、企业、政府等各界 300 余名代表出席。”模型会自动分析输出一段简短的摘要，值得注意的是，这里使用的是抽取式方法，能根据需求灵活控制摘要长度，自动抽取关键信息，形成摘要结果。可用于内容理解、内容分发、智能写作等多种应用，是智能媒体等行业必备 AI 能力之一。关于算法的细节内容我们在后面会详细介绍。大家还可以自行体验更多的自然语言处理任务。

实践一：随机数生成与排序

Python 是一种面向对象的脚本语言，使用时无须编译，因此也称作解释性语言，其结构简单，语法规则明确，关键词定义较少，非常适合初学者。Python 拥有丰富的内置库函数，对处理网络、文件、GUI、数据库、文本等十分便捷，同时支持大量第三方库，比如最常用的用于科学计算的 NumPy、SciPy 等库，为科研工作者提供了非常简洁、高效的开发平台。Python 作为当下最流行的语言之一，有着易于维护、跨平台移植、可嵌入等独特优势，使其在人工智能领域备受推崇。

为模拟“海量”数据，需要准备一个大规模的数据集，然后在该数据上进行后续处理。因此，我们在这里生成一个数据列表模拟数据，并进行排序操作。开始一个 Python 程序之前，我们需要通过 import 函数导入 random 库。import 语句有什么用？import 语句用来导入其他 Python 文件（称为模块 module），使用该模块里定义的类、方法或者变量，从而达到代码复用的目的。

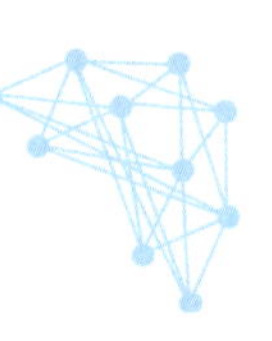

random. randint(a,b)生成大于或等于 a 小于或等于 b 的整数；random. random()生成一个在[0,1)区间上的实数；random. choice(sequence) sequence 泛指 list、tuple、字符串等。如果要生成一个含有 20 个随机数的列表，要求所有元素不相同，并且每个元素的值为 1～100，可以调用 random. sample()生成不相同的随机数。

```
a = random.sample(range(1,101),20)
```

随机数生成后，进行列表排序可采用以下两种方法：

sorted(list) 直接改变 list 和调用 list 的方法 list. sort。

```
blist = sorted(alist)
alist.sort()
```

细心的读者已经发现，上面两种用法是不相同的，list. sort()是 class list 下面的一个函数，是列表独有的，list. sort 排序是在原有列表上进行的，list 本身的顺序会变，list. sort 不会生成返回一个新的 list，只是返回 None。sorted()是 Python 中的内置函数，不改变原有对象的值，新生成一个列表对象，并返回；不仅能将 list 作为参数传递进去，还可以接收任何形式的可迭代对象作为参数，甚至是不可变序列或者生成器，不管是接收的什么参数，sorted()都是返回一个列表。

至此，已经实现了如何动手编写一个 Python 小程序，统计随机数并排序，可以帮助研究者快速实现对文本的信息统计，对处理这些文件数据所需的资源进行合理规划、调配。

实践二：99 乘法表

99 乘法表是一个非常考验逻辑思考能力的简单 Python 小程序，主要解决的是循环问题。如果我们想实现一个 99 乘法表，需要考虑想要得到图 1.3 所示的目标样式。

```
1*1=1
1*2=2   2*2=4
1*3=3   2*3=6   3*3=9
1*4=4   2*4=8   3*4=12  4*4=16
1*5=5   2*5=10  3*5=15  4*5=20  5*5=25
1*6=6   2*6=12  3*6=18  4*6=24  5*6=30  6*6=36
1*7=7   2*7=14  3*7=21  4*7=28  5*7=35  6*7=42  7*7=49
1*8=8   2*8=16  3*8=24  4*8=32  5*8=40  6*8=48  7*8=56  8*8=64
1*9=9   2*9=18  3*9=27  4*9=36  5*9=45  6*9=54  7*9=63  8*9=72  9*9=81
```

图 1.3　99 乘法表

根据你需要的不同的输出样式，可以选择不同的代码结构，我们来看图 1.3 的 99 乘法表应该如何实现：

```
##第 1 种写法
i = 1
while i < 10:                 #控制行数为 9 行
    j = 1
    while j <= i:             #控制一行中相乘直到最大数 = 行数
```

```
        print('%d*%d=%d\t'%(j, i, i*j) , end=(''))
        j +=1
    print('')
    i +=1
```

通过这样的打印方式，就可以得到一个图 1.3 样式的乘法表。这里使用的是 while 循环，还可以通过 for 循环的方式：

```
##第 2 种写法
for i in range(1,10):
    for j in range(1,i+1):          ##stop=i+1,即为不包括 i+1,只到 i
        print("%d*%d=%d\t"%(j,i,i*j),end='')
    print()
```

如果想得到图 1.4 所示的目标样式，又要如何去实现呢？读者可以自己动手去尝试一下。

```
1*9=9   2*9=18  3*9=27  4*9=36  5*9=45  6*9=54  7*9=63  8*9=72  9*9=81
1*8=8   2*8=16  3*8=24  4*8=32  5*8=40  6*8=48  7*8=56  8*8=64
1*7=7   2*7=14  3*7=21  4*7=28  5*7=35  6*7=42  7*7=49
1*6=6   2*6=12  3*6=18  4*6=24  5*6=30  6*6=36
1*5=5   2*5=10  3*5=15  4*5=20  5*5=25
1*4=4   2*4=8   3*4=12  4*4=16
1*3=3   2*3=6   3*3=9
1*2=2   2*2=4
1*1=1
```

图 1.4　99 乘法表

实践三："海量"文件遍历

在处理自然语言处理领域的任务时，有些新闻数据集中每条数据都是一个单独的文件。对海量数据文件进行空间占用、类型等分析十分必要，可加深用户对数据的了解，进而在处理数据时合理分配资源。

"海量"文件遍历旨在对文件夹下的大规模数据进行数据类型及占用存储空间的统计。本次实验平台为百度 AI Studio，Python 版本为 Python 3.7，下面介绍如何通过 Python 编程方式实现"海量"文件的遍历。

步骤 1：数据准备

为模拟"海量"文件，首先需要准备一个包含有大规模文件的数据包，然后在该数据包上进行后续处理。为方便演示，本书使用自然语言处理领域中开源的网络数据集：新闻文本数据集，进行后续试验，执行！tree -L 2 ./data/ 命令，可以展示两个数据集解压在平台工作空间的位置：

```
./data/
├── data
│   └── news.zip      # 新闻数据集
```

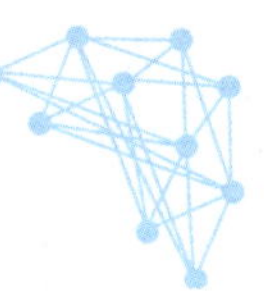

引用的数据集为压缩包格式（*.zip），因此需要将其解压至当前的工作空间中，为实现自动解压，提供解压下列函数 unzip_data(src_path，target_path)，参数为待解压文件与将要解压到的文件夹名称，调用定义好的解压函数，分别将两个数据集进行解压：

```
import zipfile
# 定义解压函数
def unzip_data(src_path,target_path):
    # 将 src_path 路径下的 zip 包解压至 target_path 目录下
    If not os.path.isdir(target_path):
        z = zipfile.ZipFile(src_path, 'r')
        z.extractall(path=target_path)
        z.close()
# 调用解压函数
unzip_data('data/data/news.zip','data/data/news')
```

解压后的目录结构为（由于空间限制，未列出更加详细的下级目录内容）：

```
./data/
├── data
|    ├── news
|    |    └── news
|    └── news.zip
```

步骤 2：实现“海量”文件的类型与存储空间统计

步骤 1 中已经准备好“海量”的新闻文件，下面实现通过给定目录，统计所有的不同子文件类型及占用存储空间的大小。为了实现代码的可复用及模块化，首先，定义一个专门用于实现类型与存储空间统计的函数：

```
# 定义全局变量
size_dict = {}                          # 记录各类型数据占用存储空间大小
type_dict = {}                          # 记录给类型数据的数量
def get_size_type(path):
    files = os.listdir(path)
    for filename in files:
        temp_path = os.path.join(path, filename)
        if os.path.isdir(temp_path):
            # 递归调用函数，实现深度文件名解析
            get_size_type(temp_path)
        elif os.path.isfile(temp_path):
            # 获取文件后缀名
            type_name=os.path.splitext(temp_path)[1]
            # 无后缀名的文件
            if not type_name:
                type_dict.setdefault("None", 0)
                type_dict["None"] += 1
                size_dict.setdefault("None", 0)
                size_dict["None"] += os.path.getsize(temp_path)
            # 有后缀名的文件
            else:
```

```
                type_dict.setdefault(type_name, 0)
                type_dict[type_name] += 1
                size_dict.setdefault(type_name, 0)
                # 获取文件大小
                size_dict[type_name] += os.path.getsize(temp_path)
```

调用上述函数实现,对步骤1中的文件进行统计:

```
path= "data/"
get_size_type(path)
for each_type in type_dict.keys():
print (" %5s 下共有【 %5s】的文件【 %4d】个,占用内存【 %6.2f】MB" %
        (path,each_type,type_dict[each_type],\
        size_dict[each_type]/(1024 * 1024)))
print("总文件数:【 %d】" % (sum(type_dict.values())))
print("总内存大小:【 %.2f】GB" % (sum(size_dict.values())/(1024 ** 3)))
```

至此,已经实现了如何动手编写一个Python小程序,统计路径下文件的类型及其占用空间的大小,这是一个非常实用的小技巧,可以帮助研究者快速实现文件的信息统计,对处理这些文件数据所需的资源进行合理规划、调配。

实践四:文本词频分析

文本与图片具有本质上的差别:图片本质上是数字化的,其每个像素点都由三原色的组合灰度值构成,而文本属于自然语言,其表现形式无法被计算机直接识别,因此,在自然语言处理技术发展的早期,解决文本表示问题是一项极具挑战的任务。

与图像灰度值的直方图展示相类似,早期的研究者也对文本进行词频统计,将文本中各词出现的频率作为特征,然后进行后续一系列分析与处理。然而,各语言文本在表现形式上也具有很大的差异,比如英文文本由单词个体构成,空格为单词分隔符,因此统计十分便利,然而中文不具备这种方便的分隔形式,若要进行词频统计,需要对文本进行预处理,即分词。下面逐一介绍进行中文文本词频统计的步骤。

步骤1:文本加载

首先将需要分析的文本从文件中读出,本文以一篇散文为例进行后面的分析:

```
with open('test.txt', 'r', encoding = 'UTF - 8') as novelFile:
novel = novelFile.read()
```

步骤2:文本分词

目前,Python支持多种第三方分词工具,最常用的有jieba分词、SnowNLP、THULAC、NLPIR等,本书以jieba分词为例进行演示,更多分词工具读者可以自行实验尝试。

```
import jieba
novelList = list(jieba.lcut(novel))
```

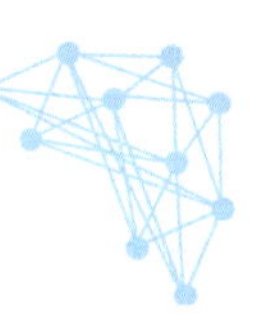

步骤 3：去停用词处理

在自然语言中，存在很多无意义的词，比如标点符号"、""的""之"等，这类词出现频率高，且具有很有限的语义作用，称作停用词。为了避免这类词对统计结果造成的干扰，通常在分词之后，需要将其剔除，只保留重要的词语用作进一步分析，下面一段代码演示了计算每个词出现的频次的过程，若该词在停用词列表中，直接不计入：

```
# 加载停用词
stopwords = [line.strip() for line in open('stop.txt', 'r', encoding='UTF-8').readlines()]
novelDict = {}
# 统计出词频字典
for word in novelList:
    if word not in stopwords:
        # 不统计字数为 1 的词
        if len(word) == 1:
            continue
        else:
            novelDict[word] = novelDict.get(word, 0) + 1
```

步骤 4：根据词频排序并输出

首先将上述步骤得到的(词→词频)字典映射按词频从高到低进行排序，再对前 20 词频的词进行输出：

```
# 对词频进行排序
novelListSorted = list(novelDict.items())
novelListSorted.sort(key=lambda e: e[1], reverse=True)
# 打印前 20 词频
topWordNum = 0
for topWordTup in novelListSorted[:20]:
print(topWordTup)
# ------------------------ 输出如下 --------------------

('父亲', 98)
('背影', 54)
('作者', 39)
('儿子', 28)
('铁道', 17)
('表现', 17)
('感情', 15)
('文章', 15)
('橘子', 14)
('散文', 11)
```

由输出结果，相信读者立马便可分辨出该散文的来源（散文来源：朱自清《背影》），可见，词频统计在一定程度上可以反映文本的特征。文本词频分析仅仅可以作为文本的一部分最浅层的特征使用，但是要分析其深度语义，需要使用更加先进的文本特征提取方式。

实践五：百度百科数据爬取

随着人工智能技术的发展以及计算资源的不断获得，使用更大的网络模型进行深度知识挖掘已经成为一种趋势，数据的获取变得尤为重要。目前网络中存在大量数据可以供我们使用，如果能自动获取这些数据，并且进行自动预处理，将获得的数据作为训练更大更深模型的“原料”，不仅对学术研究有重大意义，对人工智能的产业化发展更是不可小觑的动力。

编写程序从网络中自动获取数据的过程叫作数据爬取，也叫作网络爬虫。网络爬虫一般步骤为：获取爬取页的 url、获取页面内容、解析页面、获取所需数据，重复上述过程至爬取结束。本实践将介绍数据爬取和分析的实践，并针对爬取的数据进行简单的分析。

本次实践使用 Python 来爬取百度百科中《乘风破浪的姐姐第二季》所有选手的信息，并进行可视化分析，见图 1.5。其难点在于如何准确获取数据并进行处理获得可视化的结果。数据爬取可以应用于自己收集网络已有数据，是一种较为普遍的方式。本案例通过获取百度百科的信息获得嘉宾的一系列数据，然后对数据进行处理与分析。

图 1.5　乘风破浪的姐姐第二季

《乘风破浪的姐姐第二季》数据爬取与分析案例包括三个子实验，分别是数据爬取、数据处理和数据可视化，见图 1.6。

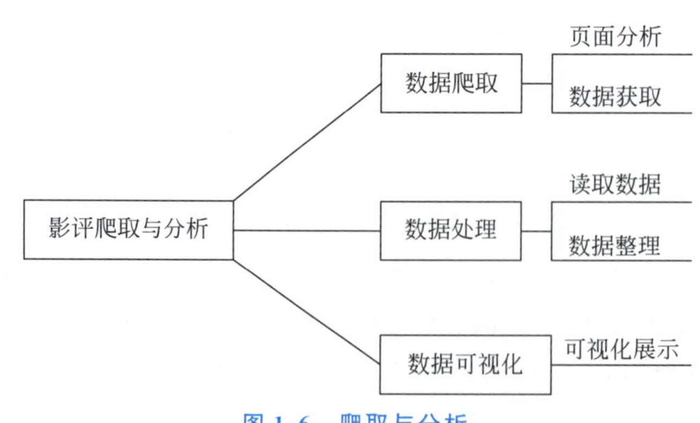

图 1.6　爬取与分析

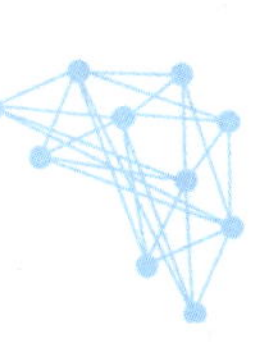

步骤 1：定义爬取指定 url 中的嘉宾信息，返回页面数据

在爬取网页内容时，使用 requests 获取指定 url 页面的内容，其中包含以下几个参数：

(1) User-Agent：定义一个真实浏览器的代理名称，表明自己的身份(是哪种浏览器)，本 demo 为谷歌浏览器；

(2) Accept：告诉 Web 服务器自己接受什么介质类型，*/* 表示任何类型；

(3) Referer：浏览器向 Web 服务器表明自己是从哪个网页 url 获得单击当前请求中的网址；

(4) Connection：表示是否需要持久连接；

(5) Accept-Language：浏览器申明自己接受的语言；

(6) Accept-Encoding：浏览器申明自己接受的编码方法。

然后使用 requests.get(url,headers)方法获取指定 url 页面内容：

```
import json
import re
import requests
import datetime
from bs4 import BeautifulSoup
import os

def crawl_wiki_data():
    """
    爬取百度百科中《乘风破浪的姐姐第二季》中嘉宾信息,返回 html
    """
    headers = {
        'User-Agent': 'Mozilla/5.0 (Windows NT 10.0; WOW64) AppleWebKit/537.36 (KHTML, like
Gecko) Chrome/67.0.3396.99 Safari/537.36'
    }
    url = 'https://baike.baidu.com/item/乘风破浪的姐姐第二季'

    try:
        response = requests.get(url,headers = headers)
        #将一段文档传入 BeautifulSoup 的构造方法,就能得到一个文档的对象, 可以传入一段字符串
        soup = BeautifulSoup(response.text,'lxml')
        #返回所有的<table>所有标签
        tables = soup.find_all('table')
        # print(tables)
        crawl_table_title = "按姓氏首字母排序"
        for table in tables:
            #对当前节点前面的标签和字符串进行查找
            table_titles = table.find_previous('div')
            # print(table_titles)
            for title in table_titles:
                if(crawl_table_title in title):
                    return table
```

```
    except Exception as e:
        print(e)
```

步骤2：数据解析并保存

使用上述定义好的函数，进行指定url页面的爬取，然后解析返回的页面源码，获取其中的选手姓名和个人百度百科页面链接，并保存：

```
def parse_wiki_data(table_html):
    '''
```

解析得到选手信息，包括选手姓名和选手个人百度百科页面链接，保存为json文件，保存到work目录下。

```
'''
bs = BeautifulSoup(str(table_html),'lxml')
all_trs = bs.find_all('tr')

stars = []
for tr in all_trs:
    all_tds = tr.find_all('td')    #tr 下面所有的 td

    for td in all_tds:
        #star 存储选手信息，包括选手姓名和选手个人百度百科页面链接
        star = {}
        if td.find('a'):
            #查找选手姓名和选手百度百科链接
            if(td.find_next('a').text.isspace() == False):
                star["name"] = td.find_next('a').text
                star['link'] = 'https://baike.baidu.com' + td.find_next('a').get('href')
                stars.append(star)

json_data = json.loads(str(stars).replace("\'","\""))
with open('work/' + 'stars.json', 'w', encoding = 'UTF-8') as f:
    json.dump(json_data, f, ensure_ascii = False)
```

爬取内容部分如下：


```
"root" : [ 30 items
 ▾0 : { 2 items
    "name" : string "阿兰"
    "link" : string "https://baike.baidu.com/item/%E9%98%BF%E5%85%B0/10030473"
 }
 ▾1 : { 2 items
    "name" : string "安又琪"
    "link" : string "https://baike.baidu.com/item/%E5%AE%89%E5%8F%88%E7%90%AA/237840"
```

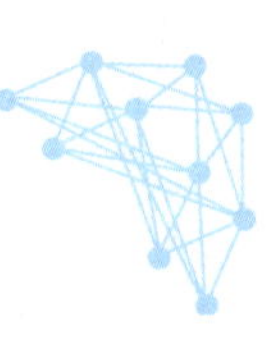


```
}
▼2 : { 2 items
  "name" : string "程莉莎"
  "link" : string "https://baike.baidu.com/item/%E7%A8%8B%E8%8E%89%E8%8E%8E/548856"
}
▼3 : { 2 items
  "name" : string "陈小纭"
  "link" : string "https://baike.baidu.com/item/%E9%99%88%E5%B0%8F%E7%BA%AD/19921976"
}
```


步骤 3：爬取每个选手信息

根据图片链接列表 pic_urls，下载所有图片，保存在以 name 命名的文件夹中。

```
def down_save_pic(name,pic_urls):
    path = 'work/' + 'pics/' + name + '/'
    if not os.path.exists(path):
      os.makedirs(path)
    for i, pic_url in enumerate(pic_urls):
        try:
            pic = requests.get(pic_url, timeout = 15)
            string = str(i + 1) + '.jpg'
            with open(path + string, 'wb') as f:
                f.write(pic.content)
                #print('成功下载第 %s 张图片: %s' % (str(i + 1), str(pic_url)))
        except Exception as e:
            #print('下载第 %s 张图片时失败: %s' % (str(i + 1), str(pic_url)))
            print(e)
            continue
```

爬取每个选手的百度百科个人信息，并保存：

```
def crawl_everyone_wiki_urls():
    with open('work/' + 'stars.json', 'r', encoding = 'UTF - 8') as file:
          json_array = json.loads(file.read())
    headers = {
        'User - Agent': 'Mozilla/5.0 (Windows NT 10.0; WOW64) AppleWebKit/537.36 (KHTML, like
Gecko) Chrome/67.0.3396.99 Safari/537.36'
     }
    star_infos = []
    for star in json_array:
        star_info = {}
        name = star['name']
        link = star['link']
        star_info['name'] = name
        #向选手个人百度百科发送一个 http get 请求
        response = requests.get(link,headers = headers)
        #将一段文档传入 BeautifulSoup 的构造方法，就能得到一个文档的对象
        bs = BeautifulSoup(response.text,'lxml')
```

```
    #获取选手的民族、星座、血型、身高、体重等信息
    base_info_div = bs.find('div',{'class':'basic-info cmn-clearfix'})
    dls = base_info_div.find_all('dl')
    for dl in dls:
        dts = dl.find_all('dt')
        for dt in dts:
            if "".join(str(dt.text).split()) == '民族':
                star_info['nation'] = dt.find_next('dd').text
            if "".join(str(dt.text).split()) == '星座':
                star_info['constellation'] = dt.find_next('dd').text
            if "".join(str(dt.text).split()) == '血型':
                star_info['blood_type'] = dt.find_next('dd').text
            if "".join(str(dt.text).split()) == '身高':
                height_str = str(dt.find_next('dd').text)
                star_info['height'] = str(height_str[0:height_str.rfind('cm')]).
replace("\n","")
            if "".join(str(dt.text).split()) == '体重':
                star_info['weight'] = str(dt.find_next('dd').text).replace("\n","")
            if "".join(str(dt.text).split()) == '出生日期':
                birth_day_str = str(dt.find_next('dd').text).replace("\n","")
                if '年' in  birth_day_str:
                    star_info['birth_day'] = birth_day_str[0:birth_day_str.rfind('年')]
    star_infos.append(star_info)
    #从个人百度百科页面中解析得到一个链接,该链接指向选手图片列表页面
    if bs.select('.summary-pic a'):
        pic_list_url = bs.select('.summary-pic a')[0].get('href')
        pic_list_url = 'https://baike.baidu.com' + pic_list_url

        #向选手图片列表页面发送 http get 请求
        pic_list_response = requests.get(pic_list_url,headers=headers)

        #对选手图片列表页面进行解析,获取所有图片链接
        bs = BeautifulSoup(pic_list_response.text,'lxml')
        pic_list_html=bs.select('.pic-list img ')
        pic_urls = []
        for pic_html in pic_list_html:
            pic_url = pic_html.get('src')
            pic_urls.append(pic_url)
        #根据图片链接列表 pic_urls, 下载所有图片,保存在以 name 命名的文件夹中
        down_save_pic(name,pic_urls)
    #将个人信息存储到 json 文件中
    json_data = json.loads(str(star_infos).replace("\'","\"").replace("\\xa0",""))
    with open('work/' + 'stars_info.json', 'w', encoding='UTF-8') as f:
        json.dump(json_data, f, ensure_ascii=False)
```

调用主程序 main 函数,执行上面所有的爬取过程:

```
if __name__ == '__main__':
    #爬取百度百科中《乘风破浪的姐姐第二季》中参赛选手信息,返回 html
    html = crawl_wiki_data()
```

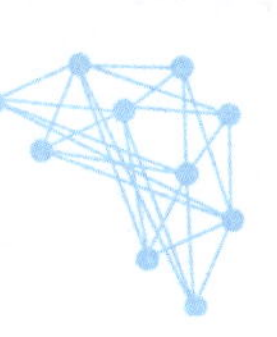

```
    # print(html)
    #解析 html,得到选手信息,保存为 json 文件
    parse_wiki_data(html)
    #从每个选手的百度百科页面上爬取,并保存
    crawl_everyone_wiki_urls()
    print("所有信息爬取完成!")
```

实践六：百度百科数据预处理

上述步骤获取的数据的格式如图 1.17 所示，现在，我们对参赛选手的个人信息数据做一些简单的分析，比如出生日期的分布(见图 1.8)，选手体重信息(见图 1.9)，选手审稿信息等。上述分析可以使用作图的方式进行直观展示。


```
"root" : [ 30 items
  ▼0 : { 6 items
      "name" : string "阿兰"
      "nation" : string " 藏族 "
      "birth_day" : string "1987"
      "constellation" : string " 狮子座 "
      "blood_type" : string " O型 "
      "height" : string "162 "
  }
  ▼1 : { 7 items
      "name" : string "安又琪"
      "nation" : string " 汉族 "
      "birth_day" : string "1982"
      "constellation" : string " 天秤座 "
      "blood_type" : string " B型 "
      "height" : string "165 "
      "weight" : string "48 kg"
  }
  ▼2 : { 2 items
      "name" : string "程莉莎"
      "nation" : string " 汉族 "
  }
```


图 1.7　参赛选手信息

本实践使用 matplotlib 库进行作图分析，分析过程如下：

```
import matplotlib.pyplot as plt
import numpy as np
import json
```

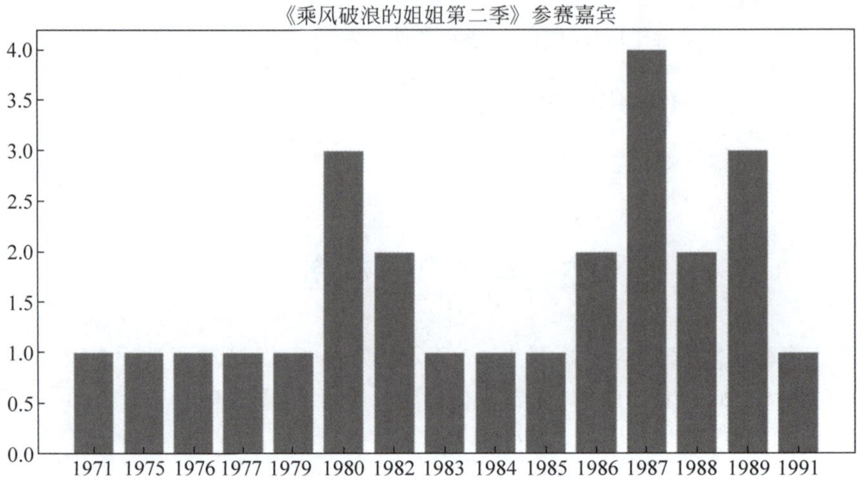

图 1.8　嘉宾年龄柱状图

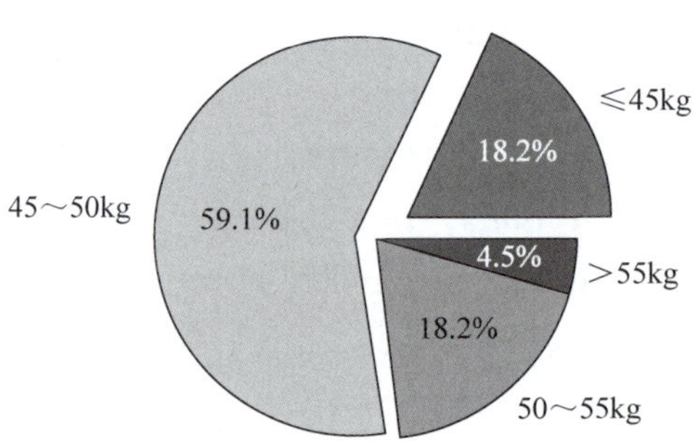

图 1.9　嘉宾体重饼状图

```
import matplotlib.font_manager as font_manager
#显示 matplotlib 生成的图形
%matplotlib inline

with open('work/stars_info.json', 'r', encoding='UTF-8') as file:
         json_array = json.loads(file.read())

#绘制选手年龄分布柱状图,x轴为年龄,y轴为该年龄的小姐姐数量
birth_days = []
for star in json_array:
    if 'birth_day' in dict(star).keys():
        birth_day = star['birth_day']
        if len(birth_day) == 4:
            birth_days.append(birth_day)

birth_days.sort()
print(birth_days)

birth_days_list = []
count_list = []
```

```
for birth_day in birth_days:
    if birth_day not in birth_days_list:
        count = birth_days.count(birth_day)
        birth_days_list.append(birth_day)
        count_list.append(count)

print(birth_days_list)
print(count_list)

# 设置显示中文
plt.rcParams['font.sans-serif'] = ['SimHei'] # 指定默认字体
plt.figure(figsize=(15,8))
plt.bar(range(len(count_list)), count_list,color='r',tick_label=birth_days_list,
        facecolor='#9999ff',edgecolor='white')

# 这里是调节横坐标的倾斜度,rotation 是度数,以及设置刻度字体大小
plt.xticks(rotation=45,fontsize=20)
plt.yticks(fontsize=20)

plt.legend()
plt.title('''《乘风破浪的姐姐第二季》参赛嘉宾''',fontsize = 24)
plt.savefig('/home/aistudio/work/bar_result01.jpg')
plt.show()
import matplotlib.pyplot as plt
import numpy as np
import json
import matplotlib.font_manager as font_manager
#显示 matplotlib 生成的图形
%matplotlib inline

with open('work/stars_info.json', 'r', encoding='UTF-8') as file:
         json_array = json.loads(file.read())

#绘制选手体重分布饼状图
weights = []
counts = []

for star in json_array:
    if 'weight' in dict(star).keys():
        weight = float(star['weight'][0:2])
        weights.append(weight)
print(weights)

size_list = []
count_list = []

size1 = 0
size2 = 0
size3 = 0
size4 = 0
```

```
for weight in weights:
    if weight <= 45:
        size1 += 1
    elif 45 < weight <= 50:
        size2 += 1
    elif 50 < weight <= 55:
        size3 += 1
    else:
        size4 += 1

labels = '<=45kg', '45~50kg', '50~55kg', '>55kg'

sizes = [size1, size2, size3, size4]
explode = (0.2, 0.1, 0, 0)
fig1, ax1 = plt.subplots()
ax1.pie(sizes, explode=explode, labels=labels, autopct='%1.1f%%',
        shadow=True)
ax1.axis('equal')
plt.savefig('/home/aistudio/work/pie_result01.jpg')
plt.show()
```

到这里我们就完成了数据的爬取与分析,感兴趣的读者还可以自行绘制参赛选手的身高分布饼状图。

第 2 章 文 本 表 示

我们在做模型训练时，不是直接把文本或者词语传给计算机让其进行计算，而是需要将单词、句子、文本转换成向量或者矩阵进行计算，而如何将文本转换成向量就是本章需要介绍的内容。如何表示文本数据一直是机器学习领域的一个重要研究方向。主要的方法有词袋模型、tf-idf、主题模型、词嵌入模型。

在自然语言处理任务中，词向量是表示自然语言里单词的一种方法，即把每个词都表示为一个 N 维空间内的点，即一个高维空间内的向量。通过这种方法，实现把自然语言计算转换为向量计算。

如图 2.1 所示的词向量计算任务中，先把每个词(如 queen、king 等)转换成一个高维空间的向量，这些向量在一定意义上可以代表这个词的语义信息。再通过计算这些向量之间的距离，就可以计算出词语之间的关联关系，从而达到让计算机像计算数值一样去计算自然语言的目的。下面我们使用实践的方法来学会如何对文本进行表示。

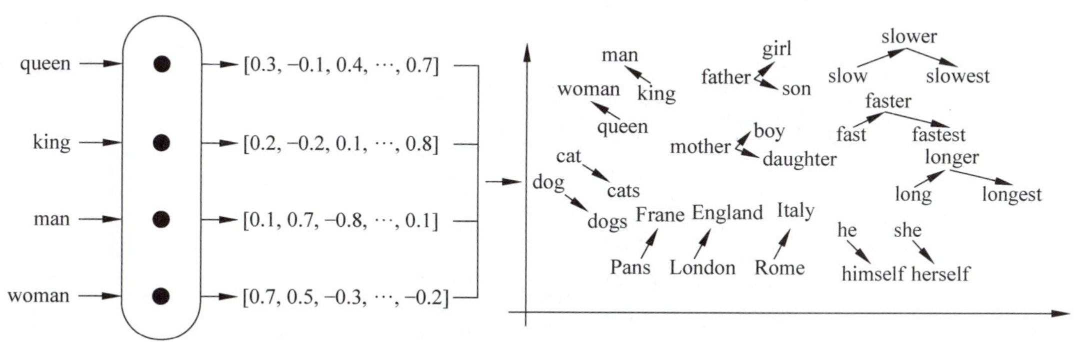

图 2.1　词向量计算示意图

实践七：基于 Word2vec 的语言模型实践

词向量(Word embedding)，又叫 Word 嵌入式，是自然语言处理(NLP)中的一组语言建模和特征学习技术的统称，其中来自词汇表的单词或短语被映射到实数的向量。从概念上讲，它涉及从每个单词一维的空间到具有更低维度的连续向量空间的数学嵌入，生成这种映射的方法包括神经网络，单词共生矩阵的降维，概率模型，可解释的知识库方法等，当用作底层输入表示时，单词和短语嵌入已经被证明可以提高 NLP 任务的性能，例如语法分析和情感分析。

word2vec 包含两个经典模型，CBOW(Continuous Bag-of-Words)和 Skip-gram，如图 2.2 所示。

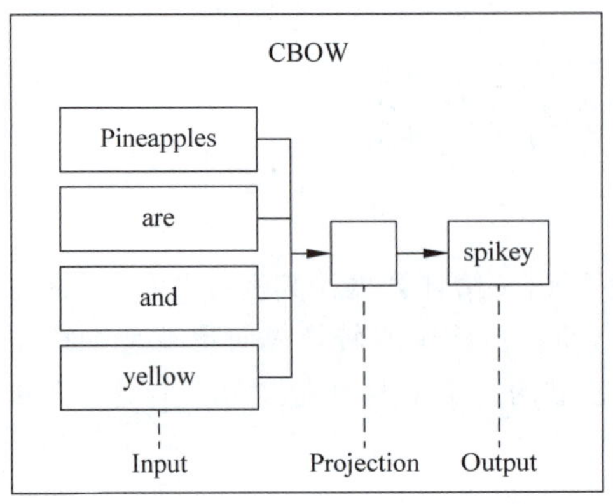

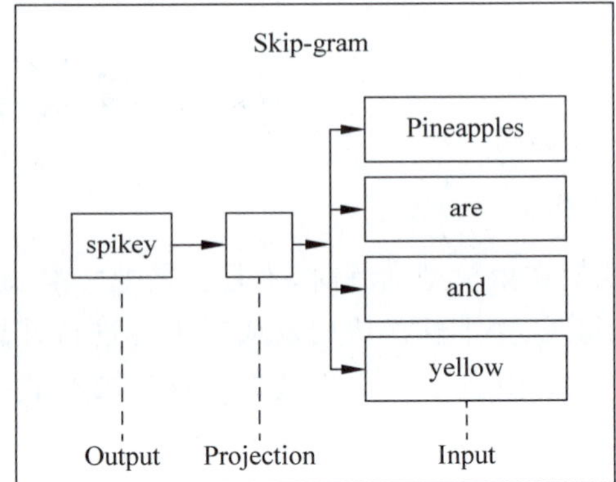

图 2.2 word2vec

- ** CBOW ** ：通过上下文的词向量推理中心词。

- ** Skip-gram ** ：根据中心词推理上下文。

我们以这句话："Pineapples are spiked and yellow"为例分别介绍 Skip-gram 的算法实现。Skip-gram 是一个具有 3 层结构的神经网络，具体如图 2.3 所示。

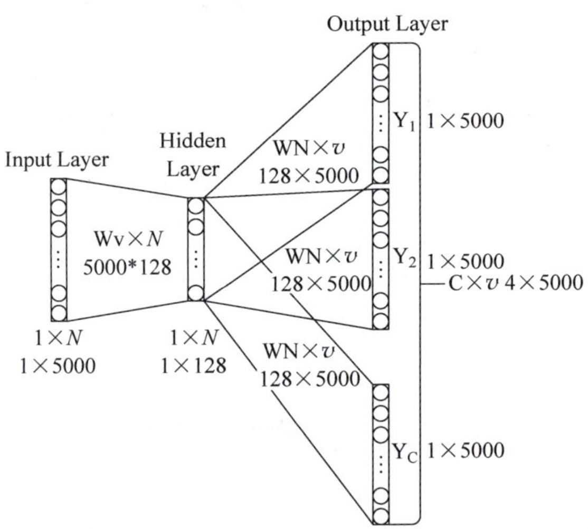

图 2.3 Skip-gram 算法实现

Input Layer(输入层)：接收一个 one-hot 张量 **V** 作为网络的输入，里面存储着当前句子中心词的 one-hot 表示。

Hidden Layer(隐藏层)：将张量 **V** 乘以一个 word embedding 张量 **W**，并把结果作为隐藏层的输出，得到的新张量存储着当前句子中心词的词向量。

Output Layer(输出层)：将隐藏层的结果乘以另一个 word embedding 张量 **W′**，得到一个新的张量。这个张量经过 softmax 变换后，就得到了使用当前中心词对上下文的预测结果。根据这个 softmax 的结果，就可以去训练词向量模型。

在实际操作中，使用一个滑动窗口（一般情况下，长度是奇数），从左到右开始扫描当前句子。每个扫描出来的片段被当成一个小句子，每个小句子中间的词被认为是中心词，其余的词被认为是这个中心词的上下文。

在了解了 Skip-gram 算法后，接下来就可以使用飞桨深度学习开源框架来搭建一个 Skip-gram 算法来解决词向量问题。

步骤 1：text8 数据准备

我们选择 text8 数据集用于训练 word2vec 模型。这个数据集里包含了大量从维基百科收集到的英文语料，我们可以通过如下代码下载数据集，下载后的文件被保存在当前目录的 text8.txt 文件中：

```
#下载语料用来训练 word2vec
def download():
    #可以从百度云服务器下载一些开源数据集(dataset.bj.bcebos.com)
    corpus_url = "https://dataset.bj.bcebos.com/word2vec/text8.txt"
    #使用 Python 的 requests 包下载数据集到本地
    web_request = requests.get(corpus_url)
    corpus = web_request.content
    #把下载后的文件存储在当前目录的 text8.txt 文件中
    with open("./text8.txt", "wb") as f:
        f.write(corpus)
    f.close()
```

接下来，把下载的语料读取到程序里。一般来说，在自然语言处理中，需要先对语料进行切词。对于英文来说，可以比较简单地直接使用空格进行切词，代码如下：

```
#对语料进行预处理(分词)
def data_preprocess(corpus):
    #由于英文单词出现在句首的时候经常要大写，所以我们把所有英文字符都转换为小写，以便对
    #语料进行归一化处理(Apple vs apple 等)
    corpus = corpus.strip().lower()
    corpus = corpus.split(" ")
    return corpus
```

在经过切词后，需要对语料进行统计，为每个词构造 id。一般来说，可以根据每个词在语料中出现的频次构造 id，频次越高，id 越小，便于对词典进行管理，代码如下：

```
#构造词典，统计每个词的频率，并根据频率将每个词转换为一个整数 id
def build_dict(corpus):
    #首先统计每个不同词的频率(出现的次数)，使用一个词典记录
    word_freq_dict = dict()
    for word in corpus:
        if word not in word_freq_dict:
            word_freq_dict[word] = 0
        word_freq_dict[word] += 1
    #将这个词典中的词，按照出现次数排序，出现次数越高，排序越靠前。一般来说，出现频率高的
    #高频词往往是：I,the,you 这种代词，而出现频率低的词，往往是一些名词，如：nlp
    word_freq_dict = sorted(word_freq_dict.items(), key = lambda x:x[1], reverse = True)
```

```
    #构造3个不同的词典,分别存储,每个词到id的映射关系: word2id_dict; 每个id出现的频
    #率: word2id_freq; 每个id到词典映射关系: id2word_dict
    word2id_dict = dict()
    word2id_freq = dict()
    id2word_dict = dict()
    #按照频率,从高到低,开始遍历每个单词,并为这个单词构造一个独一无二的id
    for word, freq in word_freq_dict:
        curr_id = len(word2id_dict)
        word2id_dict[word] = curr_id
        word2id_freq[word2id_dict[word]] = freq
        id2word_dict[curr_id] = word

    return word2id_freq, word2id_dict, id2word_dict

word2id_freq, word2id_dict, id2word_dict = build_dict(corpus)
vocab_size = len(word2id_freq)
print("there are totoally %d different words in the corpus" % vocab_size)
for _, (word, word_id) in zip(range(50), word2id_dict.items()):
    print("word %s, its id %d, its word freq %d" % (word, word_id, word2id_freq[word_id]))
```

得到word2id词典后,我们还需要进一步处理原始语料,把每个词替换成对应的ID,便于神经网络进行处理。

```
#把语料转换为id序列
def convert_corpus_to_id(corpus, word2id_dict):
    #使用一个循环,将语料中的每个词替换成对应的id,以便于神经网络进行处理
    corpus = [word2id_dict[word] for word in corpus]
    return corpus
```

接下来,需要使用二次采样法处理原始文本。二次采样法的主要思想是降低高频词在语料中出现的频次,降低的方法是随机将高频的词抛弃,频率越高,被抛弃的概率就越高,频率越低,被抛弃的概率就越低,像标点符号或冠词这样的高频词就会被抛弃,从而优化整个词表的词向量训练效果。

```
#使用二次采样算法(subsampling)处理语料,强化训练效果
def subsampling(corpus, word2id_freq):

    #这个discard函数决定了一个词会不会被替换,这个函数是具有随机性的,每次调用结果不同
    #如果一个词的频率很大,那么它被抛弃的概率就很大
    def discard(word_id):
        return random.uniform(0, 1) < 1 - math.sqrt(
            1e-4 / word2id_freq[word_id] * len(corpus))

    corpus = [word for word in corpus if not discard(word)]
    return corpus
```

在完成语料数据预处理之后,需要构造训练数据。根据上面的描述,我们需要使用一个滑动窗口对语料从左到右扫描,在每个窗口内,中心词需要预测它的上下文,并形成训练数据。在实际操作中,由于词表往往很大(50 000,100 000等),对大词表的一些矩阵运算(如

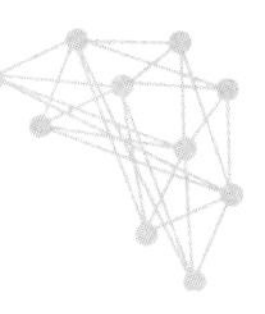

softmax)需要消耗巨大的资源，因此可以通过负采样的方式模拟 softmax 的结果，主要步骤有：①给定一个中心词和一个需要预测的上下文词，把这个上下文词作为正样本；②通过词表随机采样的方式，选择若干个负样本；③把一个大规模分类问题转化为一个 2 分类问题，通过这种方式优化计算速度。

```
#构造数据,准备模型训练
#max_window_size 代表了最大的 window_size 的大小,程序会根据 max_window_size 从左到右扫描
#整个语料
#negative_sample_num 代表了对于每个正样本,我们需要随机采样多少负样本用于训练,
#一般来说,negative_sample_num 的值越大,训练效果越稳定,但是训练速度越慢
def build_data(corpus, word2id_dict, word2id_freq, max_window_size = 3,
              negative_sample_num = 4):

    #使用一个 list 存储处理好的数据
    dataset = []
    center_word_idx = 0

    #从左到右,开始枚举每个中心点的位置
    while center_word_idx < len(corpus):
        #以 max_window_size 为上限,随机采样一个 window_size,这样会使训练更加稳定
        window_size = random.randint(1, max_window_size)
        #当前的中心词就是 center_word_idx 所指向的词,可以当作正样本
        positive_word = corpus[center_word_idx]

        #以当前中心词为中心,左右两侧在 window_size 内的词就是上下文
        context_word_range = (max(0, center_word_idx - window_size), min(len(corpus) - 1,
                            center_word_idx + window_size))
        context_word_candidates = [corpus[idx] for idx in range(context_word_range[0],
                                  context_word_range[1] + 1) if idx != center_word_idx]

        #对于每个正样本来说,随机采样 negative_sample_num 个负样本,用于训练
        for context_word in context_word_candidates:
            #首先把(上下文,正样本,label = 1)的三元组数据放入 dataset 中,
            #这里 label = 1 表示这个样本是个正样本
            dataset.append((context_word, positive_word, 1))

            #开始负采样
            i = 0
            while i < negative_sample_num:
                negative_word_candidate = random.randint(0, vocab_size - 1)

                if negative_word_candidate is not positive_word:
                    #把(上下文,负样本,label = 0)的三元组数据放入 dataset 中,
                    #这里 label = 0 表示这个样本是个负样本
                    dataset.append((context_word, negative_word_candidate, 0))
                    i += 1

        center_word_idx = min(len(corpus) - 1, center_word_idx + window_size)
        if center_word_idx == (len(corpus) - 1):
```

```
            center_word_idx += 1
        if center_word_idx % 100000 == 0:
            print(center_word_idx)

    return dataset

dataset = build_data(corpus, word2id_dict, word2id_freq)
for _, (context_word, target_word, label) in zip(range(50), dataset):
    print("center_word %s, target %s, label %d" % (id2word_dict[context_word],
    id2word_dict[target_word], label))
```

训练数据准备好后，把训练数据都组装成 mini-batch，并准备输入网络中进行训练，代码如下：

```
# 构造 mini - batch,准备对模型进行训练
# 我们将不同类型的数据放到不同的 tensor 里,便于神经网络进行处理
# 并通过 numpy 的 array 函数,构造出不同的 tensor 来,并把这些 tensor 送入神经网络中进行训练
def build_batch(dataset, batch_size, epoch_num):

    #center_word_batch 缓存 batch_size 个中心词
    center_word_batch = []
    #target_word_batch 缓存 batch_size 个目标词(可以是正样本或者负样本)
    target_word_batch = []
    #label_batch 缓存了 batch_size 个 0 或 1 的标签,用于模型训练
    label_batch = []

    for epoch in range(epoch_num):
        # 每次开启一个新 epoch 之前,都对数据进行一次随机打乱,提高训练效果
        random.shuffle(dataset)

        for center_word, target_word, label in dataset:
            # 遍历 dataset 中的每个样本,并将这些数据送到不同的 tensor 里
            center_word_batch.append([center_word])
            target_word_batch.append([target_word])
            label_batch.append(label)

            # 当样本积攒到一个 batch_size 后,我们把数据都返回回来
            # 在这里我们使用 numpy 的 array 函数把 list 封装成 tensor
            # 并使用 Python 的迭代器机制,将数据 yield 出来
            # 使用迭代器的好处是可以节省内存
            if len(center_word_batch) == batch_size:
                yield np.array(center_word_batch).astype("int64"), \
                    np.array(target_word_batch).astype("int64"), \
                    np.array(label_batch).astype("float32")
                center_word_batch = []
                target_word_batch = []
                label_batch = []

    if len(center_word_batch) > 0:
        yield np.array(center_word_batch).astype("int64"), \
```

```
        np.array(target_word_batch).astype("int64"), \
        np.array(label_batch).astype("float32")
```

步骤 2：定义 skip-gram 模型

定义 skip-gram 的网络结构，用于模型训练。在飞桨动态图中，对于任意网络，都需要定义一个继承自 paddle.nn.Layer 的类来搭建网络结构、参数等数据的声明。同时需要在 forward 函数中定义网络的计算逻辑。值得注意的是，我们仅需要定义网络的前向计算逻辑，飞桨会自动完成神经网络的反向计算。

```
#定义 skip-gram 训练网络结构
#这里我们使用的是 paddlepaddle 的 2.0.0 版本
#一般来说，在使用 nn 训练的时候，我们需要通过一个类来定义网络结构，这个类继承了
#paddle.nn.Layer
class SkipGram(paddle.nn.Layer):
    def __init__(self, vocab_size, embedding_size, init_scale = 0.1):
        #vocab_size 定义了 skipgram 这个模型的词表大小
        #embedding_size 定义了词向量的维度是多少
        #init_scale 定义了词向量初始化的范围，一般来说，比较小的初始化范围有助于模型训练
        super(SkipGram, self).__init__()
        self.vocab_size = vocab_size
        self.embedding_size = embedding_size

        #使用 paddle.nn 提供的 Embedding 函数，构造一个词向量参数
        #这个参数的大小为: self.vocab_size, self.embedding_size
        #这个参数的名称为: embedding_para
        #这个参数的初始化方式为在[ - init_scale, init_scale]区间进行均匀采样
        self.embedding = paddle.nn.Embedding(
            self.vocab_size,
            self.embedding_size,
            weight_attr = paddle.ParamAttr(
                name = 'embedding_para',
                initializer = paddle.nn.initializer.Uniform(
                    low = - 0.5/embedding_size, high = 0.5/embedding_size)))

        #使用 paddle.nn 提供的 Embedding 函数，构造另外一个词向量参数
        #这个参数的大小为: self.vocab_size, self.embedding_size
        #这个参数的名称为: embedding_para_out
        #这个参数的初始化方式为在[ - init_scale, init_scale]区间进行均匀采样
        #跟上面不同的是，这个参数的名称跟上面不同，因此，
        #embedding_para_out 和 embedding_para 虽然有相同的 shape，但是权重不共享
        self.embedding_out = paddle.nn.Embedding(
            self.vocab_size,
            self.embedding_size,
            weight_attr = paddle.ParamAttr(
                name = 'embedding_out_para',
                initializer = paddle.nn.initializer.Uniform(
                    low = - 0.5/embedding_size, high = 0.5/embedding_size)))
```

```
    #定义网络的前向计算逻辑
    #center_words是一个tensor(mini-batch),表示中心词
    #target_words是一个tensor(mini-batch),表示目标词
    #label是一个tensor(mini-batch),表示这个词是正样本还是负样本(用0或1表示)
    #用于在训练中计算这个tensor中对应词的同义词,用于观察模型的训练效果
    def forward(self, center_words, target_words, label):
        #首先,通过embedding_para(self.embedding)参数,将mini-batch中的词转换为词向量
        #这里center_words和eval_words_emb查询的是一个相同的参数
        #而target_words_emb查询的是另一个参数
        center_words_emb = self.embedding(center_words)
        target_words_emb = self.embedding_out(target_words)

        #center_words_emb = [batch_size, embedding_size]
        #target_words_emb = [batch_size, embedding_size]
        #我们通过点乘的方式计算中心词到目标词的输出概率,并通过sigmoid函数估计这个词
        #是正样本还是负样本的概率
        word_sim = paddle.multiply(center_words_emb, target_words_emb)
        word_sim = paddle.sum(word_sim, axis = -1)
        word_sim = paddle.reshape(word_sim, shape=[-1])
        pred = paddle.nn.functional.sigmoid(word_sim)

        #通过估计的输出概率定义损失函数,注意我们使用的是binary_cross_entropy函数
        #将sigmoid计算和cross entropy合并成一步计算可以更好地优化,所以输入的是
        #word_sim,而不是pred

        loss = paddle.nn.functional.binary_cross_entropy(paddle.nn.functional.sigmoid(word_
sim), label)
        loss = paddle.mean(loss)
        #返回前向计算的结果,飞桨会通过backward函数自动计算出反向结果
        return pred, loss
```

步骤3:模型训练

完成网络定义后,就可以启动模型训练。我们定义每隔100步打印一次Loss,以确保当前的网络是正常收敛的。同时,我们每隔1000步观察一下skip-gram计算出来的同义词(使用embedding的乘积),可视化网络训练效果。

```
#开始训练,定义一些训练过程中需要使用的超参数
batch_size = 512
epoch_num = 3
embedding_size = 200
step = 0
learning_rate = 0.001

#定义一个使用word-embedding计算cos()的函数
def get_cos(query1_token, query2_token, embed):
    W = embed
    x = W[word2id_dict[query1_token]]
    y = W[word2id_dict[query2_token]]
```

```
    cos = np.dot(x, y) / np.sqrt(np.sum(y * y) * np.sum(x * x) + 1e-9)
    flat = cos.flatten()
    print("单词 1 %s 和单词 2 %s 的 cos 结果为 %f" %(query1_token, query2_token, cos))

#通过我们定义的 SkipGram 类,来构造一个 skip-gram 模型网络
skip_gram_model = SkipGram(vocab_size, embedding_size)
#构造训练这个网络的优化器
adam = paddle.optimizer.Adam(learning_rate = learning_rate, parameters = skip_gram_model.
parameters())

#使用 build_batch 函数,以 mini-batch 为单位,遍历训练数据,并训练网络
for center_words, target_words, label in build_batch(
    dataset, batch_size, epoch_num):
    #使用 paddle.to_tensor 函数,将一个 numpy 的 tensor,转换为飞桨可计算的 tensor
    center_words_var = paddle.to_tensor(center_words)
    target_words_var = paddle.to_tensor(target_words)
    label_var = paddle.to_tensor(label)

    #将转换后的 tensor 送入飞桨中,进行一次前向计算,并得到计算结果
    pred, loss = skip_gram_model(
        center_words_var, target_words_var, label_var)

    #通过 backward 函数,让程序自动完成反向计算
    loss.backward()
    #通过 minimize 函数,让程序根据 loss,完成一步对参数的优化更新
    adam.minimize(loss)
    #使用 clear_gradients 函数清空模型中的梯度,以便于下一个 mini-batch 进行更新
    skip_gram_model.clear_gradients()

    #每经过 100 个 mini-batch,打印一次当前的 loss,看看 loss 是否在稳定下降
    step += 1
    if step % 100 == 0:
        print("step %d, loss %.3f" % (step, loss.numpy()[0]))

    #经过 10000 个 mini-batch,打印一次模型对 eval_words 中的 10 个词计算的同义词
    #这里我们使用词和词之间的向量点积作为衡量相似度的方法
    #我们只打印了 5 个最相似的词
    if step % 2000 == 0:
        embedding_matrix = skip_gram_model.embedding.weight.numpy()
        np.save("./embedding", embedding_matrix)
        get_cos("king","queen",embedding_matrix)
        get_cos("she","her",embedding_matrix)
        get_cos("topic","theme",embedding_matrix)
        get_cos("woman","game",embedding_matrix)
        get_cos("one","name",embedding_matrix)
```

步骤 4：余弦相似度评估

由于词向量没有比较直观的评价指标，在这里我们选择采用一些词的余弦相似度来测

试该模型的文本表示效果。

```
#定义一个使用 word-embedding 计算 cos()的函数
def get_cos(query1_token, query2_token, embed):
    W = embed
    x = W[word2id_dict[query1_token]]
    y = W[word2id_dict[query2_token]]
    cos = np.dot(x, y) / np.sqrt(np.sum(y * y) * np.sum(x * x) + 1e-9)
    flat = cos.flatten()
    print("单词 1 %s 和单词 2 %s 的 cos 结果为 %f" %(query1_token, query2_token, cos))

embedding_matrix = np.load('embedding.npy')
get_cos("king","queen",embedding_matrix)
get_cos("she","her",embedding_matrix)
get_cos("topic","theme",embedding_matrix)
get_cos("woman","game",embedding_matrix)
get_cos("one","name",embedding_matrix)
```

```
单词1 king 和单词2 queen 的cos结果为 0.946524
单词1 she 和单词2 her 的cos结果为 0.948096
单词1 topic 和单词2 theme 的cos结果为 0.896720
单词1 woman 和单词2 game 的cos结果为 0.910386
单词1 one 和单词2 name 的cos结果为 0.966487
```

实践八：基于 ERNIE 语言模型的文本语义匹配

文本匹配一直是自然语言处理(NLP)领域一个基础且重要的方向,一般是用来研究两段文本之间的关系。文本相似度计算、自然语言推理、问答系统、信息检索等,都可以看作针对不同数据和场景的文本匹配应用。这些自然语言处理任务在很大程度上都可以抽象成文本匹配问题,比如信息检索可以归结为搜索词和文档资源的匹配,问答系统可以归结为问题和候选答案的匹配,复述问题可以归结为两个同义句的匹配,对话系统可以归结为前一句对话和回复的匹配,机器翻译则可以归结为两种语言的匹配。接下来,我们学习如何使用 PaddleHub 预训练模型 ERNIE 优化文本匹配任务。

步骤 1：新冠疫情数据准备

该数据集主打疫情相关的呼吸领域的真实数据积累,数据粒度更加细化,判定难度相比传统文本相似度匹配数据更高,同时问答数据也更具时效性。问题限制在 20 字以内,形成相对规范的句对。

```
text_a	text_b	label
剧烈运动后咯血,是怎么了?	剧烈运动后为什么会咯血?	1
剧烈运动后咯血,是怎么了?	剧烈运动后咯血, 应该怎么处理?	0
剧烈运动后咯血,是怎么了?	剧烈运动后咯血, 需要就医吗?	0
剧烈运动后咯血,是怎么了?	剧烈运动后咯血, 是否很严重?	0
```

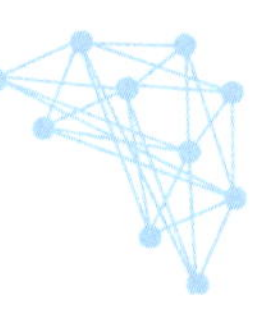

数据集给出了文本对(text_a、text_b,text_a 为 query,text_b 为 title)以及类别(label)。其中 label 为 1,表示 text_a、text_b 的文本语义相似,否则表示不相似。PaddleHub 1.8.0 版本之后内置了文本匹配任务。文本匹配任务可以分为 pointwise 和 pairwise 类型。pointwise,每一个样本通常由两个文本组成(query,title)。类别形式为 0 或 1,0 表示 query 与 title 不匹配;1 表示匹配。pairwise,每一个样本通常由三个文本组成(query,positive_title,negative_title)。positive_title 比 negative_title 更加匹配 query。根据本数据集示例,该匹配任务为 pointwise 类型。

首先加载文本匹配任务自定义数据集,用户仅需要继承 TextMatchingDataset 类,替换数据集存放地址即可。下面代码示例展示如何将自定义数据集加载进 PaddleHub 使用。这样我们只需要在小数据集上微调(Fine-tune)预训练模型即可。

```
from paddlehub.dataset.base_nlp_dataset import TextMatchingDataset
class COVID19Competition(TextMatchingDataset):
    def __init__(self, tokenizer = None, max_seq_len = None):
        base_path = 'COVID19_sim_competition'
        super(COVID19Competition, self).__init__(
            is_pair_wise = False,          # 文本匹配类型,是否为 pairwise
            base_path = base_path,
            train_file = "train.tsv",      # 相对于 base_path 的文件路径
            dev_file = "dev.tsv",          # 相对于 base_path 的文件路径
            train_file_with_header = True,
            dev_file_with_header = True,
            label_list = ["0", "1"],
            tokenizer = tokenizer,
            max_seq_len = max_seq_len)
```

步骤 2:搭建 ERNIE 模型

数据准备的工作完成之后,接下来我们使用语义预训练模型 ERNIE 优化文本匹配。百度的预训练模型 ERNIE 经过海量的数据训练后,其特征抽取的工作已经做得非常好。借鉴迁移学习的思想,我们可以利用其在海量数据中学习的语义信息辅助小数据集(如本示例中的医疗文本数据集)上的任务,如图 2.4 所示。

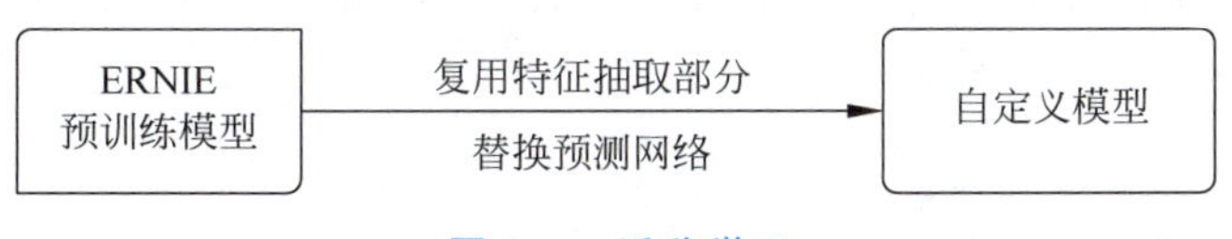

图 2.4　迁移学习

PaddleHub 提供了丰富的预训练模型,并且可以便捷地获取 PaddlePaddle 生态下的所有预训练模型。下面展示如何使用 PaddleHub 一键加载 ERNIE,优化文本匹配任务,ERNIE 的模型图如图 2.5 所示。

```
import paddlehub as hub
import paddle
module = hub.Module(name = "ernie")
```

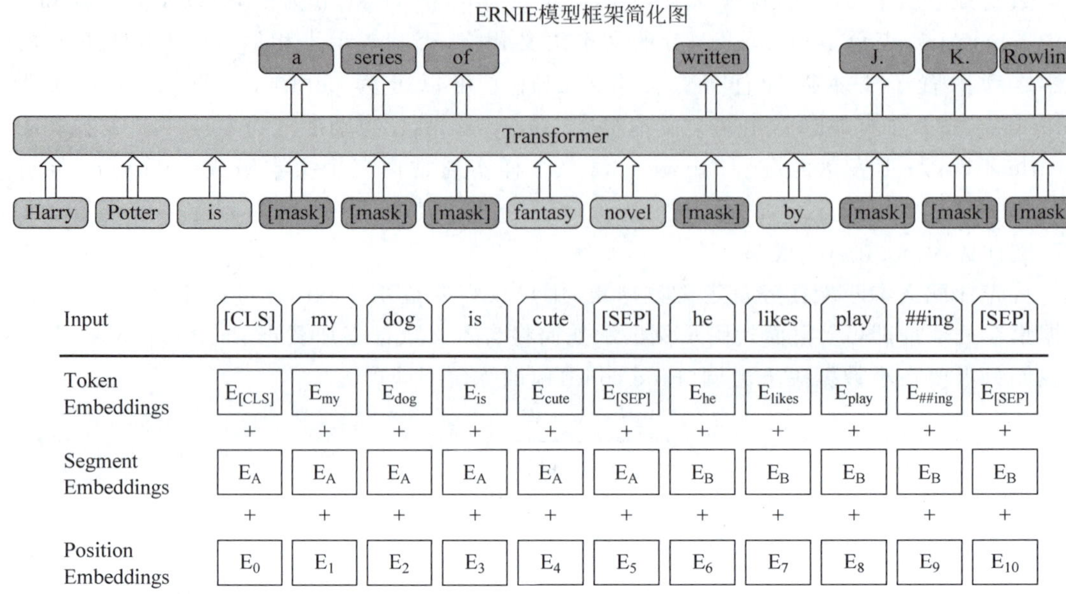

图 2.5 ERNIE

```
# Pointwise 任务需要：query, title_left (2 slots)
inputs, outputs, program = module.context(
trainable = True, max_seq_len = 128, num_slots = 2)
```

其中最大序列长度 max_seq_len 是可以调整的参数，建议值 128，根据任务文本长度不同可以调整该值，但不要超过 512。num_slots：文本匹配任务输入文本的数据量。pointwise 文本匹配任务 num_slots 应为 2，表示 query 和 title。pairtwise 文本匹配任务 num_slots 应为 3。如果想尝试其他语义模型（如 ernie_tiny，RoBERTa 等），只需要更换 Module 中的 name 参数即可。然后需要选择 Tokenizer 读取数据。

```
tokenizer = hub.BertTokenizer(vocab_file = module.get_vocab_path(), tokenize_chinese_chars
 = True)
dataset = COVID19Competition(tokenizer = tokenizer, max_seq_len = 128)sparse = False)
```

最后选择优化策略和运行配置，适用于 ERNIE/BERT 这类 Transformer 模型的迁移优化策略为 AdamWeightDecayStrategy。

```
strategy = hub.AdamWeightDecayStrategy(
    weight_decay = 0.01,
    warmup_proportion = 0.1,
learning_rate = 5e - 5)
config = hub.RunConfig(
    eval_interval = 300,
    use_cuda = True,
    num_epoch = 3,
    batch_size = 32,
    checkpoint_dir = 'ckpt_ernie_pointwise_matching',
    strategy = strategy)
```

步骤 3：模型训练

在步骤 2 中完成了准备工作，下面就可以组建 Finetune Task 并开始 Finetune。

```
# 构建迁移网络,使用 ERNIE 的 token - level 输出
query = outputs["sequence_output"]
title = outputs['sequence_output_2']

# 创建 pointwise 文本匹配任务
pointwise_matching_task = hub.PointwiseTextMatchingTask(
    dataset = dataset,
    query_feature = query,
    title_feature = title,
    tokenizer = tokenizer,
    config = config)
```

我们选择 finetune_and_eval 接口来进行模型训练，这个接口在 finetune 的过程中，会周期性地进行模型效果的评估，以便我们了解整个训练过程的性能变化。

```
# 开始训练
run_states = pointwise_matching_task.finetune_and_eval()
```

每轮训练完成后，对模型进行一次保存，使用飞桨提供的 paddle.save()进行模型保存：

```
paddle.save(model.state_dict(),str(epoch) + "_model_final.pdparams")
```

步骤 4：文本语义匹配评估

Finetune 完成后，我们使用模型来进行预测，整个预测流程大致可以分为以下几步：构建网络，生成预测数据的 Tokenizer，切换到预测的 Program，加载预训练好的参数，运行 Program 进行预测。

```
# 预测数据样例
text_pairs = [
    [
        "小孩吃了百令胶囊能打预防针吗",   # query
        "小孩吃了百令胶囊能不能打预防针",   # title
    ],
    [
        "请问呕血与咯血有什么区别?",   # query
        "请问呕血与咯血异同?",   # title
    ]
]
results = pointwise_matching_task.predict(
    data = text_pairs,
    max_seq_len = 128,
    label_list = dataset.get_labels(),
    return_result = True,
    accelerate_mode = False)
```

```
for index, text in enumerate(text_pairs):
    print("data: %s, prediction_label: %s" % (text, results[index]))
```

到这里我们就使用 ERNIE 预训练完成了 pointwise 文本匹配任务。在后文中，我们会继续引入更适合的模型和调优策略。

实践九：基于 PaddleNLP 的短文本相似度计算

短文本语义匹配(SimilarityNet,SimNet)是一个计算短文本相似度的框架，可以根据用户输入的两个文本，计算出相似度得分。SimNet 框架在百度各产品上广泛应用，主要包括 BOW、CNN、RNN、MMDNN 等核心网络结构形式，提供语义相似度计算训练和预测框架，适用于信息检索、新闻推荐、智能客服等多个应用场景，帮助企业解决语义匹配问题。可通过 AI 开放平台-短文本相似度线上体验。本节我们将通过调用 Seq2Vec 中内置的模型进行序列建模，完成句子的向量表示。包含最简单的词袋模型和一系列经典的 RNN 类模型。

步骤 1：LCQMC 数据准备

在实践中，我们使用 PaddleNLP 内置数据集 LCQMC，这是哈尔滨工业大学在自然语言处理国际会议 COLING2018 构建的问题语义匹配数据集，其目标是判断两个问题的语义是否相同。部分样例数据如下：

```
query title label
最近有什么好看的电视剧，推荐一下  近期有什么好看的电视剧，求推荐？ 1
大学生验证仅针对在读学生，已毕业学生不能申请的哦。 通过了大学生验证的用户，可以在支付宝的合作商户，享受学生优惠    0
如何在网上查户口  如何网上查户口 1
关于故事的成语  来自故事的成语 1
 湖北农村信用社手机银行客户端下载    湖北长阳农村商业银行手机银行客户端下载 0
草泥马是什么动物  草泥马是一种什么动物 1
```

```
from paddlenlp.datasets import LCQMC
train_ds, dev_dataset, test_ds = LCQMC.get_datasets(['train', 'dev', 'test'])
```

数据下载完成后需要构建一个 dataloader，每次产生一个 batch 的数据传递给模型进行训练。

```
def create_dataloader(dataset,
                      trans_fn=None,
                      mode='train',
                      batch_size=1,
                      use_gpu=False,
                      batchify_fn=None):
    if trans_fn:
        dataset = dataset.map(trans_fn)
    if mode == 'train' and use_gpu:
        sampler = paddle.io.DistributedBatchSampler(
            dataset=dataset, batch_size=batch_size, shuffle=True)
    else:
        shuffle = True if mode == 'train' else False
        sampler = paddle.io.BatchSampler(
            dataset=dataset, batch_size=batch_size, shuffle=shuffle)
```

```
    dataloader = paddle.io.DataLoader(
        dataset,
        batch_sampler = sampler,
        return_list = True,
        collate_fn = batchify_fn)
    return dataloader
```

步骤 2：PaddleNLP 模型配置

```
# Constructs the newtork.
    model = ppnlp.models.SimNet(
        network = args.network,
        vocab_size = len(vocab),
        num_classes = len(train_ds.label_list))
    model = paddle.Model(model)
```

我们需要定义优化算法和损失函数，这里使用的是 Adam 优化算法，指定学习率为 args.lr。损失函数使用的是交叉熵损失函数，该函数在分类任务上比较常用。定义了一个损失函数之后，还要对它求平均值，因为定义的是一个 Batch 的损失值。同时还可以定义一个准确率函数，可以在训练的时候输出分类的准确率。

```
optimizer = paddle.optimizer.Adam(
    parameters = model.parameters(), learning_rate = args.lr)
# Defines loss and metric.
criterion = paddle.nn.CrossEntropyLoss()
metric = paddle.metric.Accuracy()
model.prepare(optimizer, criterion, metric)
# Loads pre - trained parameters.
if args.init_from_ckpt:
    model.load(args.init_from_ckpt)
    print("Loaded checkpoint from %s" % args.init_from_ckpt)
```

步骤 3：模型训练

在模型训练之前，需要先下载词汇表文件 simnet_vocab.txt，用于构造词-id 映射关系。词表的选择和实际应用数据相关，需根据实际数据选择词表。然后就可以进行模型训练的评估。

```
wget https://paddlenlp.bj.bcebos.com/data/simnet_vocab.txt
    # Starts training and evaluating.
    model.fit(
        train_loader,
        dev_loader,
        epochs = args.epochs,
        save_dir = args.save_dir, )
    # Finally tests model.
    results = model.evaluate(test_loader)
    print("Finally test acc: %.5f" % results['acc'])
```

到这里我们就完成了使用 PaddleNLP 完成短文本相似度计算。后面的实践中我们会更详细地介绍训练流程、评估和预测。

第3章 文本分类

通过前面内容的实践，我们学会了如何使用 PaddlePaddle 实现一个简单的深度学习项目。本章将结合之前的内容，带领读者实现文本分类实战。文本分类是为给定的输入文本选择正确的类别标签的任务。在基本的分类任务中，每个输入被认为是与所有其他输入隔离的，并且标签集是预先定义的。这里是常见的一些分类任务：

- 判断一封电子邮件是否是垃圾邮件。
- 判断一条文本内容是否是谣言文本。
- 判断一篇新闻报道所属主题是什么，如“体育”“政治”“娱乐”等。

如果需要分类的信息中训练语料包含每个输入的正确标签被称为有监督分类，与之相反的是无监督分类。无监督分类常见的是机器学习方法，如聚类算法。在本章，我们着眼于有监督分类，用神经网络学会如何解决各种各样的分类任务。

实践十：基于 FNN 网络的电影评论情感分析

传统的文本分类模型一般根据文本的内容人工地构造特征，而人工构建特征存在考虑片面、浪费人力等现象。本实践使用基于前馈神经网络(FNN)的电影评论情感分析模型，将电影评论文本中的情感极性向量化，通过前馈神经网络的学习训练来挖掘表示文本深层的特征，避免了特征构建的问题，并能发现那些不容易被人发现的特征，从而产生更好的效果。本实践代码运行的环境配置如下：Python 版本为 3.7，PaddlePaddle 版本为 2.0.0，操作平台为 AI Studio。大部分深度学习项目都要经过以下几个过程：数据准备、模型配置、模型训练、模型评估。那下面就开始我们正式的项目实战。

步骤 1：IMDB 数据准备

电影评论情感分析是一个传统的二分类问题，创建一个分类器的第一步是决定输入的是什么样的文本数据，以及如何为这些数据进行编码。本次实践所使用的数据是 IMDB 数据集，其是一个对电影评论标注为正向评论与负向评论的数据集，共有 25 000 条文本数据作为训练集，25 000 条文本数据作为测试集。该数据集的官方地址为 http://ai.stanford.edu/~amaas/data/sentiment/。由于 IMDB 是 NLP 领域中常见的数据集，飞桨框架将其内置，路径为 paddle.text.datasets.Imdb。通过 mode 参数可以控制训练集与测试集：

```
train_dataset = paddle.text.datasets.Imdb(mode = 'train')
test_dataset = paddle.text.datasets.Imdb(mode = 'test')
```

paddle.text 目录是飞桨在文本领域的高层 API。

paddle.text.datasets.Imdb 的参数-mode(str)可设置为'train'或'test'模式。默认为'train'。-cutoff(int)为构建词典的截止大小。默认为 Default 150。

构建了训练集与测试集后，可以通过 word_idx 获取数据集的词表。在飞桨框架 2.0 版本中，推荐使用 padding 的方式来对同一个 batch 中长度不一的数据进行补齐，所以在字典中，我们还会添加一个特殊的词，用来在后续对 batch 中较短的句子进行填充。

```
word_dict = train_dataset.word_idx
word_dict['<pad>'] = len(word_dict)
```

如下所示，我们可以打印词典中前十个单词，词表大小为 5148。

```
the:0
and:1
a:2
of:3
to:4
is:5
in:6
it:7
i:8
this:9
```

为了实现词 ID 和词之间的转换，我们需要基于词典构建一个 ids_to_str()函数，实现布尔类型和字符串之间的转换，方便我们对数据的分析。

```
def ids_to_str(ids):
words = []
for k in ids:
    w = list(word_dict)[k]
    words.append(w if isinstance(w, str) else w.decode('ASCII'))
return " ".join(words)
```

电影评论文本加载完成后需要定义一个对应类别的词典，classes = ['negative', 'positive']。在这里，取出一条数据打印出来看看，可以用 docs 获取数据的 list，用 labels 获取数据的 label 值，打印出来对数据有一个初步的印象：

```
sent = train_dataset.docs[0]
label = train_dataset.labels[1]
print('sentence list id is:', sent)
print('sentence label id is:', label)
print('---------------------------')
print('sentence list is: ', ids_to_str(sent))
print('sentence label is: ', classes[label])
```

```
sentence list id is: [5146, 43, 71, 6, 1092, 14, 0, 878, 130, 151, 5146, 18, 281, 747, 0, 5146, 3, 5146, 2165, 37, 5146, 46, 5, 71, 4089,
377, 162, 46, 5, 32, 1287, 300, 35, 203, 2136, 565, 14, 2, 253, 26, 146, 61, 372, 1, 615, 5146, 5, 30, 0, 50, 3290, 6, 2148, 14, 0, 5146,
11, 17, 451, 24, 4, 127, 10, 0, 878, 130, 43, 2, 50, 5146, 751, 5146, 5, 2, 221, 3727, 6, 9, 1167, 373, 9, 5, 5146, 7, 5, 1343, 13, 2, 514
6, 1, 250, 7, 98, 4270, 56, 2316, 0, 928, 11, 11, 9, 16, 5, 5146, 5146, 6, 50, 69, 27, 280, 27, 108, 1045, 0, 2633, 4177, 3180, 17, 1675,
1, 2571]
sentence label id is: 0

-------------------------
sentence list is:  <unk> has much in common with the third man another <unk> film set among the <unk> of <unk> europe like <unk> there is
much inventive camera work there is an innocent american who gets emotionally involved with a woman he doesnt really understand and whose
<unk> is all the more striking in contrast with the <unk> br but id have to say that the third man has a more <unk> storyline <unk> is a b
it disjointed in this respect perhaps this is <unk> it is presented as a <unk> and making it too coherent would spoil the effect br br thi
s movie is <unk> <unk> in more than one sense one never sees the sun shine grim but intriguing and frightening
sentence label is:  negative
```

文本数据中，每一句话的长度都是不一样的，为了方便后续的神经网络的计算，常见的处理方法是把数据集中的数据都统一成同样长度的数据。这包括：对于较长的数据进行截断处理，对于较短的数据用特殊的词< pad >进行填充。接下来的代码会对数据集中的数据进行这样的处理：

```
def create_padded_dataset(dataset):
    padded_sents = []
    labels = []
    for batch_id, data in enumerate(dataset): #遍历数据截断或补齐
        sent, label = data[0], data[1]
        padded_sent = np.concatenate([sent[:seq_len], [pad_id] * (seq_len - len(sent))]).
astype('int32')
        padded_sents.append(padded_sent)
        labels.append(label)
return np.array(padded_sents), np.array(labels)

train_sents, train_labels = create_padded_dataset(train_dataset)
test_sents, test_labels = create_padded_dataset(test_dataset)
```

NumPy 提供了 numpy.concatenate((a1,a2,…),axis=0)函数，可以实现多个数组的拼接。将前面准备好的训练集与测试集用 Dataset 与 DataLoader 封装后，完成数据的加载。

```
class IMDBDataset(paddle.io.Dataset):
    def __init__(self, sents, labels): #初始化
        self.sents = sents
        self.labels = labels
    def __getitem__(self, index):
        data = self.sents[index]
        label = self.labels[index]
        return data, label
    def __len__(self):
        return len(self.sents)

train_dataset = IMDBDataset(train_sents, train_labels)
test_dataset = IMDBDataset(test_sents, test_labels)
train_loader = paddle.io.DataLoader(train_dataset, return_list = True, shuffle = True,
                                    batch_size = batch_size, drop_last = True)
test_loader = paddle.io.DataLoader(test_dataset, return_list = True, shuffle = True,
                                   batch_size = batch_size, drop_last = True)
```

DataLoader 返回一个迭代器，该迭代器根据 batch_sampler 给定的顺序迭代一次给定的 dataset。DataLoader 支持单进程和多进程的数据加载方式，当 num_workers 大于 0 时，将使用多进程方式异步加载数据。数据加载时要根据内存和效率选择合适的比例。一般我们还会将训练集中的 30% 作为验证集，用于检查模型训练过程的收敛情况，防止过拟合。

步骤 2：搭建前馈神经网络

数据准备的工作完成之后，接下来我们将动手来搭建一个电影评论情感分析模型，进行文本特征的提取，从而实现评论情感极性的检测。我们使用一个不考虑词的顺序的 BOW 的网络，在查找到每个词对应的 embedding 后，简单地取平均，作为一个句子的表示。然后用 Linear 进行线性变换。为了防止过拟合，还使用了 Dropout。

1. 模型定义

如图 3.1 所示，前馈神经网络就像一个复杂的函数，理论上可以完成从确定形式的输入到确定形式的输出的任何映射。然而，前馈神经网络只能完成信息的单向传递，这一特性虽然使得模型容易训练，但也在某种程度上限制了模型的能力。所以在本章的后文中，我们会引入复杂的模型结构，来学习更丰富的语义信息。

```
class MyNet(paddle.nn.Layer):
    def __init__(self):
        super(MyNet, self).__init__()
        self.emb = paddle.nn.Embedding(vocab_size, emb_size)                # 编码层
        self.fc = paddle.nn.Linear(in_features = emb_size, out_features = 2) # 线性层
        self.dropout = paddle.nn.Dropout(0.5)                              # Dropout 层

    def forward(self, x):                                                   # 前向计算
        x = self.emb(x)
        x = paddle.mean(x, axis = 1)
        x = self.dropout(x)
        x = self.fc(x)
        return x
```

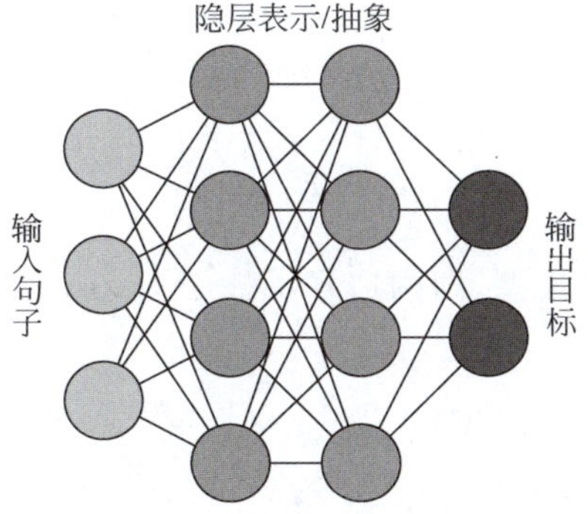

图 3.1　前馈神经网络

嵌入层(Embedding Layer)该接口用于构建 Embedding 的一个可调用对象。其根据 input 中的 id 信息从 embedding 矩阵中查询对应 embedding 信息，并根据输入的 size (num_embeddings，embedding_dim)和 weight_attr 自动构造一个二维 embedding 矩阵。输出的 Tensor 的 shape 是在输入 Tensor shape 的最后一维后面添加了 embedding_dim 的维度。

线性变换层 (Linear Layer)只接受一个 Tensor 作为输入，形状为 [batch_size, * ,in_features]，其中 * 表示可以为任意个额外的维度。该层可以计算输入 Tensor 与权重矩阵 $\boldsymbol{W}$

的乘积,然后生成形状为[batch_size, * ,out_features]的输出 Tensor。如果 bias_attr 不是 False,则将创建一个偏置参数并将其添加到输出中。

Dropout 是一种正则化手段,该算子根据给定的丢弃概率 p,在训练过程中随机将一些神经元输出设置为 0,通过阻止神经元节点间的相关性来减少过拟合。forward(self,x)函数是前向计算过程。

2. 损失函数

接着是定义损失函数,这里使用的是交叉熵损失函数,该函数在分类任务上比较常用。定义了一个损失函数之后,还要对它求平均值,因为定义的是一个 batch 的损失值。同时还可以定义一个准确率函数,可以在训练的时候输出分类的准确率。

这里使用的是 paddle.nn.functional.cross_entropy(),该 API 实现了 softmax 交叉熵损失函数。该函数会将 softmax 操作、交叉熵损失函数的计算过程进行合并,从而提供了数值上更稳定的计算。

```
# 获取损失函数和准确率
logits = model(sent)
loss = paddle.nn.functional.cross_entropy(logits, label)
acc = paddle.metric.accuracy(logits, label)
```

paddle.metric.accuracy(input,label,k=1,correct=None,total=None,name=None)使用输入和标签计算准确率。如果正确的标签在 topk 个预测值里,则计算结果加 1。注意:输出正确率的类型由 input 类型决定,input 和 label 的类型可以不一样。

3. 优化方法

接着定义优化算法,这里使用的是 Adam 优化算法,指定学习率为 0.001。paddle.optimizer.Adam()能够利用梯度的一阶矩估计和二阶矩估计动态调整每个参数的学习率。

```
# 定义优化方法
opt = paddle.optimizer.Adam(learning_rate = 0.001,parameters = model.parameters())
```

步骤 3: 训练前馈神经网络

在步骤 2 中定义好了网络模型,即构造好了核心 train()函数,在正式进行网络训练前,首先进行参数初始化。

```
vocab_size = len(word_dict) + 1       # 词典大小
emb_size = 256                        # embedding 维度
seq_len = 200                         # 文本长度
batch_size = 32                       # batch_size 大小
epochs = 5                            # 迭代轮数
```

之后就可以进行正式的训练了,本实践中设置训练轮数 5。在每轮训练中,每 500 个 batch,打印一次训练平均误差和准确率。每轮训练完成后,使用验证集进行一次验证。

```
# 开始训练
def train(model):
    model.train()
```

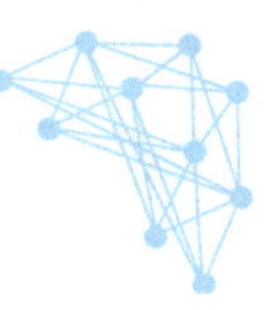

```
opt = paddle.optimizer.Adam(learning_rate = 0.001, parameters = model.parameters())
steps = 0
Iters, total_loss, total_acc = [], [], []
for epoch in range(epochs):
    for batch_id, data in enumerate(train_loader):
        steps += 1
        sent = data[0]
        label = data[1]

        logits = model(sent)
        loss = paddle.nn.functional.cross_entropy(logits, label)
        acc = paddle.metric.accuracy(logits, label)

        if batch_id % 500 == 0:
            Iters.append(steps)
            total_loss.append(loss.numpy()[0])
            total_acc.append(acc.numpy()[0])
            print("epoch: {}, batch_id: {}, loss is: {}".format(epoch, batch_id, loss.numpy()))
        loss.backward()
        opt.step()
        opt.clear_grad()
```

训练完成后，对模型进行保存，使用飞桨提供的 paddle.save()进行模型保存。

```
paddle.save(model.state_dict(),str(epoch) + "_model_final.pdparams")
```

步骤 4：模型评估

通过观察训练过程中误差和准确率随着迭代次数的变化趋势，可对网络训练结果进行评估。使用 test_loader 对模型进行验证得到最终的准确率为 0.86。通过图 3.2 和图 3.3 可以观察到，在训练和验证过程中平均误差是在逐步降低的，与此同时，准确率逐步趋近于 100%。

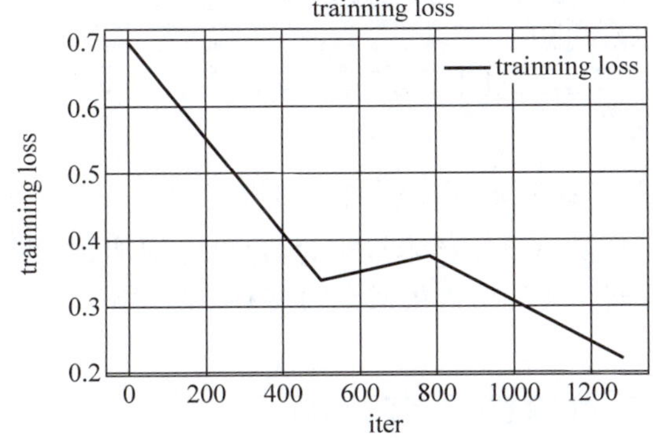

图 3.2　训练过程 loss 变化折线图

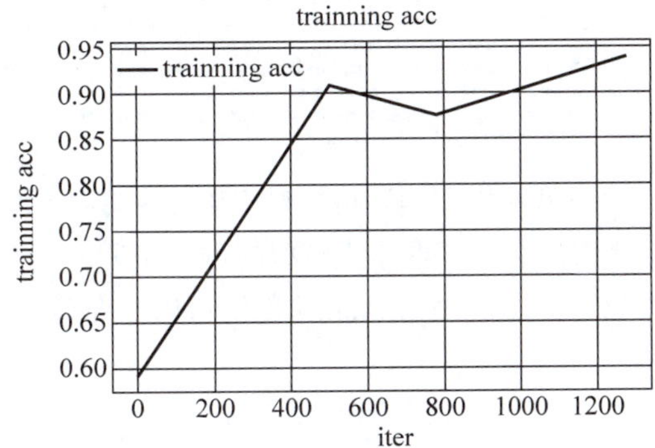

图 3.3　训练过程准确率变化折线图

```
for batch_id, data in enumerate(test_loader):

    sent = data[0]
    label = data[1]

    logits = model(sent)
    loss = paddle.nn.functional.cross_entropy(logits, label)
    acc = paddle.metric.accuracy(logits, label)

    accuracies.append(acc.numpy())
    losses.append(loss.numpy())

avg_acc, avg_loss = np.mean(accuracies), np.mean(losses)
print("[validation] accuracy: {}, loss: {}".format(avg_acc, avg_loss))
```

步骤5：情感分析预测

前面已经进行了模型训练，并保存了训练好的模型。接下来就可以使用训练好的模型进行电影评论情感分析了。为了进行预测，我们任意选取一个评论文本。我们把文本中的每个词对应到dict中的id。如果词典中没有这个词，则设为< unk >。然后我们用model.eval()来使用模型预测结果。

```
model_state_dict = paddle.load('model_final.pdparams')
model = MyNet()
model.set_state_dict(model_state_dict)
model.eval()
sent = data[0]
results = model(sent)
```

训练集用于训练模型，验证集用于进行错误分析，测试集用于系统的最终评估，以下是我们展示的一条测试集的预测结果：

```
数据: cheesy 80s horror <unk> genre <unk> ken <unk> and <unk> cash along with <unk> <unk> are some of the featured players in this tale ab
out a haunted health club goofy dialogue and some nasty gore effects make this movie watchable not bad but no great <unk> eitherbr br reco
mmended for the bad dialogue and acting bmovie fans <unk> br b <pad> <pad> <pad> <pad> <pad> <pad> <pad> <pad> <pad> <pad> <pad> <pad> <pa
d> <pad> <pad> <pad> <pad> <pad> <pad> <pad> <pad> <pad> <pad> <pad> <pad> <pad> <pad> <pad> <pad> <pad> <pad> <pad> <pad> <pad> <pad> <pa
d> <pad> <pad> <pad> <pad> <pad> <pad> <pad> <pad> <pad> <pad> <pad> <pad> <pad> <pad> <pad> <pad> <pad> <pad> <pad> <pad> <pad> <pad> <pa
d> <pad> <pad> <pad> <pad> <pad> <pad> <pad> <pad> <pad> <pad> <pad> <pad> <pad> <pad> <pad> <pad> <pad> <pad> <pad> <pad> <pad> <pad> <pa
d> <pad> <pad> <pad> <pad> <pad> <pad> <pad> <pad> <pad> <pad> <pad> <pad> <pad> <pad> <pad> <pad> <pad> <pad> <pad> <pad> <pad> <pad> <pa
d> <pad> <pad> <pad> <pad> <pad> <pad> <pad> <pad> <pad> <pad> <pad> <pad> <pad> <pad> <pad> <pad> <pad> <pad> <pad> <pad> <pad> <pad> <pa
d> <pad> <pad> <pad> <pad> <pad> <pad> <pad> <pad> <pad> <pad> <pad> <pad>
情感: positive
```

模型结构和编码特征对于该任务非常重要，目前仍有很大的提升空间，可以通过打印一些预测错误的文本数据分析模型的进步空间。通过曲线图发现模型尚未过拟合，也可以增加迭代轮数继续训练观测指标曲线变化趋势。在后文中，我们会继续引入更适合的模型和调优策略。

实践十一：基于LSTM网络的谣言检测

社交媒体的发展在加速信息传播的同时，也带来了虚假谣言信息的泛滥，往往会引发诸多不安定因素，并对经济和社会产生巨大的影响。在新型冠状病毒感染的肺炎疫情防控的

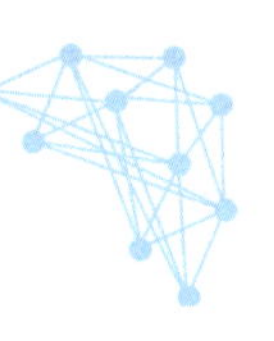

关键期，网上各种有关疫情防控的谣言接连不断，从“钟南山院士被感染”到“10 万人感染肺炎”等，这些不切实际的谣言“操纵”舆论，误导了公众的判断，影响了社会稳定。因此谣言检测变得极为重要。

本次实践使用基于长短时记忆网络（LSTM）构建了谣言检测模型，将文本中的谣言事件向量化，通过 LSTM 网络的学习训练来挖掘表示文本深层的特征，避免了特征构建的问题，并能发现那些不容易被人发现的特征，从而产生更好的效果。本实践代码运行的环境配置如下：Python 版本为 3.7，PaddlePaddle 版本为 2.0.0，操作平台为 AI Studio。

步骤 1：数据准备

本实践所使用的数据是从新浪微博不实信息举报平台抓取的中文谣言数据，数据集中共包含 1538 条谣言和 1849 条非谣言。如图 3.4 所示，每条数据均为 json 格式，其中 text 字段代表微博原文的文字内容。更多数据集介绍请参考 https://github.com/thunlp/Chinese_Rumor_Dataset。


```
{
"multi":null,
"text":"【每日一书】《全球通史》[美] 斯塔夫里阿诺斯 著 北京大学出版社这部潜心力作自
"user":{
"verified":true,
"description":true,
"gender":"m",
"messages":23602,
"followers":6065984,
"location":"广东 广州",
"time":1251448522,
"friends":1550,
"verified_type":3
},
"has_url":false,
"comments":125,
"pics":1,
"source":"定时showone",
"likes":0,
"time":1333976404,
"reposts":365
}
```


图 3.4 数据格式示例

首先需要解压数据，读取并解析数据，生成数据文件 all_data.txt，根据全部文本数据生成数据字典，即 dict.txt，然后进行训练集与验证集的划分：train_list.txt 和 eval_list.txt，最后定义训练数据集提供器，方便模型训练。

```
if(not os.path.isdir(target_path)):
    z = zipfile.ZipFile(src_path, 'r')
    z.extractall(path = target_path)
    z.close()
```

为了构建数据和标签的对应关系我们需要设置两个标签，并解析数据：

```
rumor_label = "0"
non_rumor_label = "1"
```

遍历所有的数据来生成数据字典：

```
def create_dict(data_path, dict_path):
    with open(dict_path, 'w') as f:
        f.seek(0)
        f.truncate()
    dict_set = set()
    # 读取全部数据
    with open(data_path, 'r', encoding = 'utf - 8') as f:
        lines = f.readlines()
    # 把数据生成一个元组
    for line in lines:
        content = line.split('\t')[ - 1].replace('\n', '')
        for s in content:
            dict_set.add(s)
    # 把元组转换成字典,一个字对应一个数字
    dict_list = []
    i = 0
    for s in dict_set:
        dict_list.append([s, i])
        i += 1
    # 添加未知字符
    dict_txt = dict(dict_list)
    end_dict = {"< unk >": i}
    dict_txt.update(end_dict)
    end_dict = {"< pad >": i + 1}
    dict_txt.update(end_dict)
    # 把这些字典保存到本地中
    with open(dict_path, 'w', encoding = 'utf - 8') as f:
        f.write(str(dict_txt))
```

在飞桨框架 2.0 版本中，推荐使用 paddle.io.DataLoader 的方式对数据进行加载。

```
class RumorDataset(paddle.io.Dataset):
    def __init__(self, data_dir):
        self.data_dir = data_dir
        self.all_data = []
        with io.open(self.data_dir, "r", encoding = 'utf8') as fin:
            for line in fin:
                cols = line.strip().split("\t")
                if len(cols) != 2:
                    sys.stderr.write("[NOTICE] Error Format Line!")
                    continue
                label = []
                label.append(int(cols[1]))
                wids = cols[0].split(",")
                if len(wids)> = 150:
                    wids = np.array(wids[:150]).astype('int64')
                else:
                    wids = np.concatenate([wids, [vocab["< pad >"]] * (150 - len(wids))]).
astype('int64')
```

```
                label = np.array(label).astype('int64')
                self.all_data.append((wids, label))
    def __getitem__(self, index):
        data, label = self.all_data[index]
        return data, label
    def __len__(self):
        return len(self.all_data)
train_dataset = RumorDataset(os.path.join(data_root_path, 'train_list.txt'))
test_dataset = RumorDataset(os.path.join(data_root_path, 'eval_list.txt'))

train_loader = paddle.io.DataLoader(train_dataset, places = paddle.CPUPlace(), return_list =
True, shuffle = True, batch_size = batch_size, drop_last = True)
test_loader = paddle.io.DataLoader(test_dataset, places = paddle.CPUPlace(), return_list =
True, shuffle = True, batch_size = batch_size, drop_last = True)
```

步骤 2：搭建长短时记忆网络模型

数据准备的工作完成之后，接下来我们将动手来搭建一个谣言检测模型，进行文本特征的提取，从而判断一个 claim（可能是一句话，可能是一个段落甚至一篇文章）是真还是假。我们使用一个循环神经网络 RNN 的变体结构 LSTM 网络构建。

1. 模型定义

1997 年，人工智能研究所的主任 Jurgen Schmidhuber 提出长短期记忆(LSTM)，LSTM 使用门控单元及记忆机制缓解了早期 RNN 训练时梯度消失(gradient vanishing)及梯度爆炸(gradient exploding)的问题。长短记忆神经网络——通常称作 LSTM，是一种特殊的 RNN，能够学习长的依赖关系。它们由 Hochreiter&Schmidhuber 引入，并被许多人进行了改进和普及。它们在各种各样的问题上工作得非常好，现在被广泛使用。

LSTM 是为了避免长依赖问题而精心设计的。记住较长的历史信息实际上是它们的默认行为，而不是它们努力学习的东西。所有循环神经网络都具有神经网络的重复模块链的形式。在标准的 RNN 中，该重复模块将具有非常简单的结构，例如单个 tanh()层，如图 3.5 所示。LSTM 也拥有这种链状结构，但是重复模块则拥有不同的结构。与神经网络的简单的一层相比，LSTM 拥有四层，这四层以特殊的方式进行交互，如图 3.6 所示。

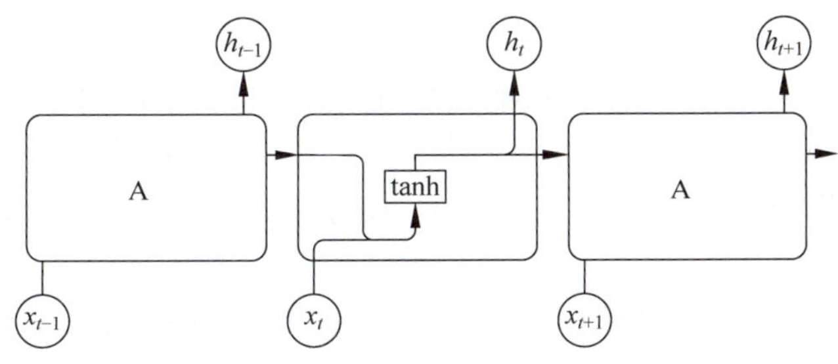

图 3.5　标准 RNN 中重复模块的单层神经网络

在了解了 LSTM 网络后，接下来就可以使用飞桨深度学习开源框架来搭建一个 LSTM 网络来解决谣言检测问题。

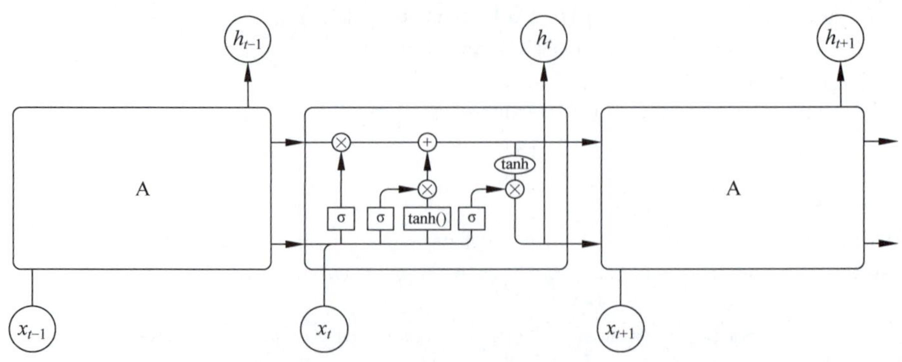

图 3.6 LSTM 中的重复模块包含的四层交互神经网络层

```
Class LSTM(paddle.nn.Layer):
    def __init__(self):                                          # 参数初始化
        super(RNN, self).__init__()
        self.dict_dim = vocab["<pad>"]
        self.emb_dim = 128
        self.hid_dim = 128
        self.class_dim = 2
        self.embedding = Embedding(                              # embedding
            self.dict_dim + 1, self.emb_dim,
            sparse = False)
        self._fc1 = Linear(self.emb_dim, self.hid_dim)           # 线性层
        self.lstm = paddle.nn.LSTM(self.hid_dim, self.hid_dim)   # LSTM
        self.fc2 = Linear(19200, self.class_dim)                 # 线性层

    def forward(self, inputs):                                   # 前向计算网络
        # [32, 150]
        emb = self.embedding(inputs)
        # [32, 150, 128]
        fc_1 = self._fc1(emb)
        # [32, 150, 128]
        x = self.lstm(fc_1)
        x = paddle.reshape(x[0], [0, -1])
        x = self.fc2(x)
        return x
```

paddle.nn.LSTM()是长短期记忆网络(LSTM),根据输出序列和给定的初始状态计算返回输出序列和最终状态。在该网络中的每一层对应输入的 step,每个 step 根据当前时刻输入 x_t 和上一时刻状态 h_{t-1}, c_{t-1} 计算当前时刻输出 y_t 并更新状态 h_t, c_t。

2. 损失函数

接着是定义损失函数,这里使用的是交叉熵损失函数,该函数在分类任务上比较常用。定义了一个损失函数之后,还要对它求平均值,因为定义的是一个 Batch 的损失值。同时还可以定义一个准确率函数,可以在训练的时候输出分类的准确率。

```
# 获取损失函数和准确率
logits = model(sent)
```

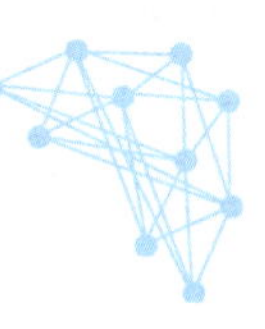


```
loss = paddle.nn.functional.cross_entropy(logits, label)
acc = paddle.metric.accuracy(logits, label)
```

3. 优化方法

接着定义优化算法，这里使用的是 Adam 优化算法，指定学习率为 0.001。

```
# 定义优化方法
opt = paddle.optimizer.Adam(learning_rate = 0.001,parameters = model.parameters())
```

步骤 3：模型训练

在步骤 2 中定义好了网络模型，即构造好了核心 train()函数，在正式进行网络训练前，首先进行参数初始化。

```
vocab_size = len(word_dict) + 1
emb_size = 256
seq_len = 200
batch_size = 32
epochs = 5
```

之后就可以进行正式的训练了，本实践设置训练轮数 5。在每轮训练中，每 500 个 batch，打印一次训练平均误差和准确率。每轮训练完成后，使用验证集进行一次验证。

```
# 开始训练
def train(model):
    model.train()
    opt = paddle.optimizer.Adam(learning_rate = 0.001, parameters = model.parameters())
    steps = 0
    Iters, total_loss, total_acc = [], [], []
    for epoch in range(epochs):
        for batch_id, data in enumerate(train_loader):
            steps += 1
            sent = data[0]
            label = data[1]
            logits = model(sent)
            loss = paddle.nn.functional.cross_entropy(logits, label)
            acc = paddle.metric.accuracy(logits, label)
            if batch_id % 500 == 0:
                Iters.append(steps)
                total_loss.append(loss.numpy()[0])
                total_acc.append(acc.numpy()[0])
                print("epoch: {}, batch_id: {}, loss is: {}".format(epoch, batch_id, loss.
numpy()))
            loss.backward()
            opt.step()
            opt.clear_grad()
```

训练完成后，使用飞桨提供的 paddle.save()进行模型保存：

```
paddle.save(model.state_dict(),str(epoch) + "_model_final.pdparams")
```

步骤 4：模型评估

通过观察训练过程中误差和准确率随着迭代次数的变化趋势，可对网络训练结果进行评估。使用 test_loader 对模型进行验证得到最终的准确率为 0.89。通过图 3.7 和图 3.8 可以观察到，在训练和验证过程中平均误差是在逐步降低的，与此同时，准确率逐步趋近于 100%。

```
for batch_id, data in enumerate(test_loader):

    sent = data[0]
    label = data[1]

    logits = model(sent)
    loss = paddle.nn.functional.cross_entropy(logits, label)
    acc = paddle.metric.accuracy(logits, label)

    accuracies.append(acc.numpy())
    losses.append(loss.numpy())

avg_acc, avg_loss = np.mean(accuracies), np.mean(losses)
print("[validation] accuracy: {}, loss: {}".format(avg_acc, avg_loss))
```

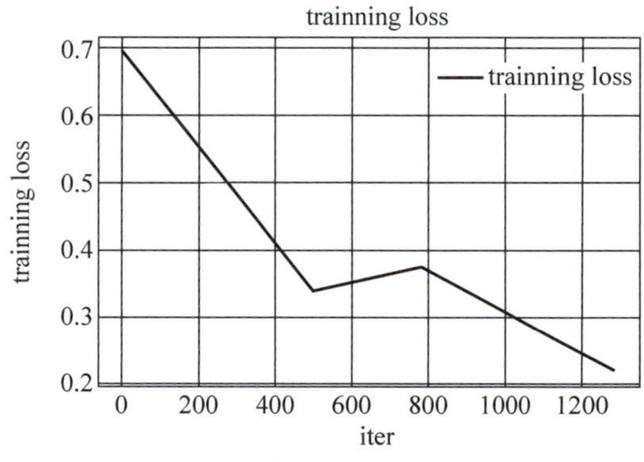

图 3.7　训练过程 Loss 变化折线图

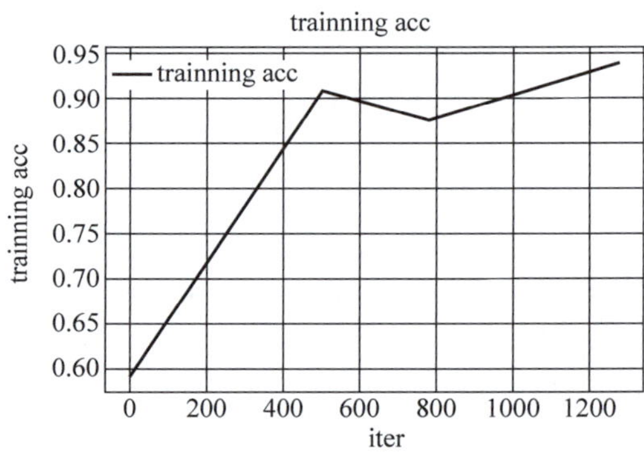

图 3.8　训练过程准确率变化折线图

步骤 5：谣言信息预测

前面已经进行了模型训练，并保存了训练好的模型。接下来就可以使用训练好的模型进行谣言预测了。为了进行预测，我们任意选取 1 个文本数据。我们把文本中的每个词对应到 dict 中的 id。如果词典中没有这个词，则设为< unk >。然后我们用 model.eval()来使用模型预测结果。

```
model_state_dict = paddle.load('model_final.pdparams')
model = RNN()
model.set_state_dict(model_state_dict)
model.eval()
```

```
sent = data[0]
results = model(sent)
```

训练集用于训练模型，验证集用于进行错误分析，测试集用于系统的最终评估，以下是我们展示的一条测试集的预测结果：

数据：

【SoLoMo】 美国 KPCB 老大约翰·杜尔今年 2 月的时候第一次提出了 SoLoMo 这个概念，他把最热的三个关键词整合到了一起：Social(社交)、Local(本地化)和 Mobile(移动)。过去几年，我一直在投资移动互联网和社区公司，也顺应了这个潮流，米聊争取成为这个潮流最火爆的产品。欢迎更多的人

是否谣言：

否

模型结构和编码特征对于该任务非常重要，目前仍有很大的提升空间，可以通过打印一些预测错误的文本数据分析模型的进步空间。通过曲线图发现模型尚未过拟合，也可以增加迭代轮数继续训练观测指标曲线变化趋势。在后文中，我们会继续引入更适合的模型和调优策略。

实践十二：基于 PaddleHub 的低俗文本审核

社交媒体色情检测模型可自动判别文本是否涉黄并给出相应的置信度，对文本中的色情描述、低俗交友、污秽文案进行识别。PaddleHub 提供了一键调用模型 porn_detection_lstm，其采用 LSTM 网络结构并按字粒度进行切词，具有较高的分类精度。该模型最大句子长度为 256 字，仅支持预测。

下面我们学习训练一个自己的文本审核模型，这里只考虑微博文本情绪数据包括消极、中性、积极，该实践需要解决的问题其实是文本分类问题。随着 2018 年 ELMo、BERT 等模型的发布，NLP 领域进入了“大力出奇迹”的时代。采用大规模语料上进行无监督预训练的深层模型，在下游任务数据上微调一下，即可达到很好的效果。曾经需要反复调参、精心设计结构的任务，现在只需简单地使用更大的预训练数据、更深层的模型便可解决。因此 NLP 比赛的入手门槛也随之变低。新手只要选择好预训练模型，在自己数据上微调，很多情况下就可以达到很好的效果。

本项目将采用百度出品的 PaddleHub 预训练模型微调工具，如图 3.9 所示，快速构建方案。模型方面则选择 ERNIE 模型。整个流程可以大致分为如图 3.10 所示的 6 步。

步骤 1：数据准备

在实践中，我们需要将数据分为训练数据和验证数据，分别用于模型的训练和测试模型的效果。因此，在这里我们遍历数据，按照比例生成 train 和 valid。train 中存储的是用于训练的数据和对应的标签，valid 中存储的是用于验证的数据和对应的标签。

PaddleHub 文本任务的输入数据格式为(见图 3.11)：

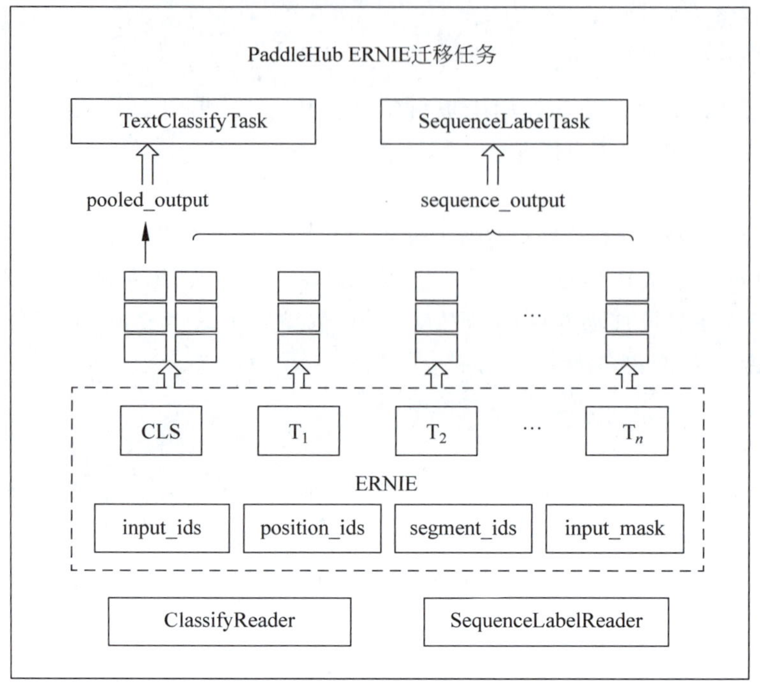

图 3.9 PaddleHub ERNIE 迁移任务

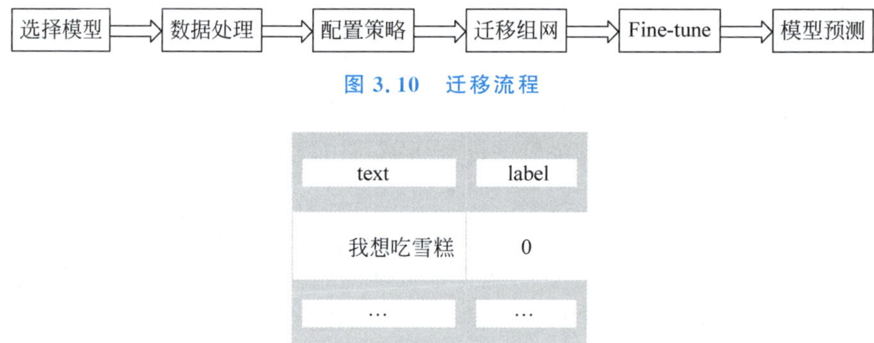

图 3.10 迁移流程

text	label
我想吃雪糕	0
…	…

图 3.11 数据格示示例

我们将数据划分为训练集和验证集，比例为 8∶2，然后保存为文本文件，两列需用 Tab 键分隔符隔开。

```
# 划分验证集,保存格式  text[\t]label
from sklearn.model_selection import train_test_split
train_labled = train_labled[['微博中文内容', '情感倾向']]
train, valid = train_test_split(train_labled, test_size = 0.2, random_state = 2020)
train.to_csv('/home/aistudio/data/data22724/train.txt', index = False, header = False, sep = '\t')
valid.to_csv('/home/aistudio/data/data22724/valid.txt', index = False, header = False, sep = '\t')
```

步骤 2：自定义数据加载

加载文本类自定义数据集，用户仅需要继承基类 TextClassificationDataset，修改数据集

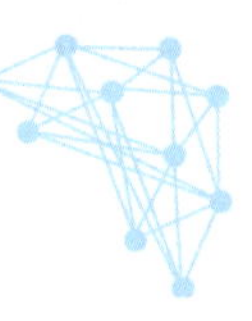

存放地址以及类别即可。这里我们没有带标签的测试集,所以 test_file 直接用验证集代替"valid.txt"。

```
# 自定义数据集
from paddlehub.datasets.base_nlp_dataset import InputExample, TextClassificationDataset
# 数据集存放位置
DATA_DIR = "/home/aistudio/data/data22724"
class News(TextClassificationDataset):
    def __init__(self, tokenizer, mode = 'train', max_seq_len = 128):
        if mode == 'train':
            data_file = 'train.txt'
        elif mode == 'test':
            data_file = 'valid.txt'
        else:
            data_file = 'valid.txt'
        super(News, self).__init__(
            base_path = DATA_DIR,
            data_file = data_file,
            tokenizer = tokenizer,
            max_seq_len = max_seq_len,
            mode = mode,
            is_file_with_header = True,
            label_list = ["-1", "0", "1"])

    # 解析文本文件里的样本
    def _read_file(self, input_file, is_file_with_header: bool = False):
        if not os.path.exists(input_file):
            raise RuntimeError("The file {} is not found.".format(input_file))
        else:
            with io.open(input_file, "r", encoding = "UTF-8") as f:
                reader = csv.reader(f, delimiter = "\t", quotechar = None)
                examples = []
                seq_id = 0
                header = next(reader) if is_file_with_header else None
                for line in reader:
                    example = InputExample(guid = seq_id, text_a = line[0], label = line[1])
                    seq_id += 1
                    examples.append(example)
                return examples
```

步骤 3：加载模型

这里我们选择 ERNIE1.0 的中文预训练模型。其他模型见：https://github.com/PaddlePaddle/PaddleHub。只需修改 name='xxx' 就可以切换不同的模型。

```
# 加载模型
model = hub.Module(name = "ernie",task = 'seq-cls',num_classes = 3) # 在多分类任务中,num_
#classes 需要显式地指定类别数,此处根据数据集设置为 3
```

步骤 4：构建 Reader

构建一个文本分类的 reader，reader 负责将 dataset 的数据进行预处理，首先对文本进行切词，接着以特定格式组织并输入给模型进行训练。通过 max_seq_len 可以修改最大序列长度，若序列长度不足，会通过 padding 方式补到 max_seq_len，若序列长度大于该值，则会以截断方式让序列长度为 max_seq_len，这里我们设置为 128。

```
train_dataset = News(model.get_tokenizer(), mode = 'train', max_seq_len = 128)
dev_dataset = News(model.get_tokenizer(), mode = 'dev', max_seq_len = 128)
test_dataset = News(model.get_tokenizer(), mode = 'test', max_seq_len = 128)
```

步骤 5：finetune 策略和运行配置

选择迁移优化策略。详见 https://github.com/PaddlePaddle/PaddleHub/wiki/PaddleHub-API:-Strategy 此处我们设置最大学习率为 learning_rate=5e-5。trainer 是 fine-tune 任务的执行者。

```
optimizer = paddle.optimizer.Adam(learning_rate = 5e - 5, parameters = model.parameters())
# 优化器的选择和参数配置
trainer = hub.Trainer(model, optimizer, checkpoint_dir = './ckpt', use_gpu = True)
```

步骤 6：开始 finetune

我们使用 trainer.train 接口就可以开始模型训练，finetune 过程中，会周期性的进行模型效果的评估。

```
# 配置训练参数,启动训练,并指定验证集
trainer.train(train_dataset, epochs = 3, batch_size = 32, eval_dataset = dev_dataset, save_
interval = 1)
# 在测试集上评估当前训练模型
result = trainer.evaluate(test_dataset, batch_size = 32)
```

步骤 7：预测

当 Finetune 完成后，加载训练后保存的最佳模型来进行预测。

```
# 预测
data = [["文本 1"],["文本 2"],["文本 3"]]
label_list = ["-1", "0", "1"]
label_map = {
    idx: label_text for idx, label_text in enumerate(label_list)
}
model = hub.Module(
    name = 'ernie',
    task = 'seq-cls',
    load_checkpoint = './ckpt/best_model/model.pdparams',
```

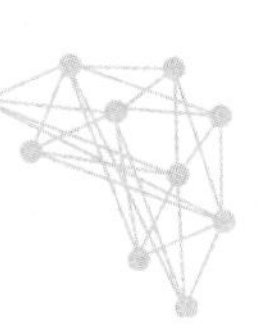


```
        label_map = label_map)
results = model.predict(data, max_seq_len = 128, batch_size = 1, use_gpu = True)
for idx, text in enumerate(data):
    print('Data: {} \t Lable: {}'.format(text[0], results[idx]))
```

至此我们就完成了使用 PaddleHub 语义预训练模型 ERNIE 对低俗文本进行审核完成文本分类任务。

第4章　信息抽取

信息抽取，即从自然语言文本中，抽取出特定的事件或事实信息，帮助我们将海量内容自动分类、提取和重构。这些信息通常包括实体、关系、事件等，例如从新闻中抽取时间、地点、关键人物，或者从文本中抽取关键实体的关系，或者从技术文档中抽取产品名称、开发时间、性能指标等。

信息抽取主要包括三个子任务：①实体抽取：也就是命名实体识别，识别出文本中的实体，比如人名、地名、机构名等；②关系抽取：即通常说的三元组抽取，主要用于抽取两个实体在某一特定上下文中的关系；③事件抽取：相当于一种多元关系的抽取，识别特定类型的事件，并把事件中担任既定角色的要素找出来。

本章将利用 PaddlePaddle 深度学习框架，使用经典的深度学习方法，实现上述三个子任务。

实践十三：基于 LSTM 的命名实体识别

命名实体识别任务主要识别文本中的实体，并且给识别出的实体进行分类，比如人名、地名、机构名或其他类型。本质上，对于给定的文本，只需要对其中的每个单词进行分类，只不过需要对分类的标签进行重新定义，例如，对于“人名”，又可以分为两个子类“B-人名”、“I-人名”，即人名的开始与人名的中间部分，其他类型利用同样规则，对于非指定类型的单词，可统一指定为“O”类型。在分类过程中还要进行类型转移的约束，也就是状态转移约束，例如，当判断某个单词的类型为“B-人名”时，那么当前单词下一个单词类型可能为“O”类型，可能为“I-人名”类型，也可能为“B-机构”类型，但是不可能为“I-机构”类型，因为“B-人名”不可能转移到“I-机构”类型(连续单词块必须是包含连续的预测类型)，条件随机场(CRF)可以实现上述状态转移约束，并且不需要先验条件。在对文本中的所有单词分类完成后，需要解析识别出的实体块，并且根据每个词的预测类型确定实体块的总体类型，即连续的[B-类型[,I-类型，…，I 类型]]([,I-类型，…，I-类型]表示 0 或多个中间部分类型)为一个被识别出的实体，O 代表非实体类型。

本实践使用 BiLSTM 实现命名实体识别，模型图如图 4.1 所示，代码运行的环境配置如下：Python 版本为 3.7，PaddlePaddle 版本为 2.0.0，操作平台为 AI Studio。

步骤 1：MSRA_NER 数据准备

本实践使用的数据集为微软开源的 MSRA_NER 数据集，PaddleNLP 中集成了该数据

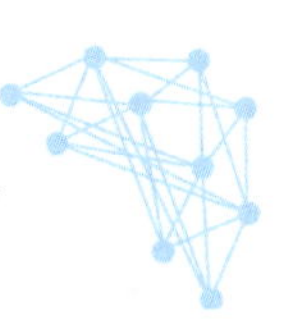

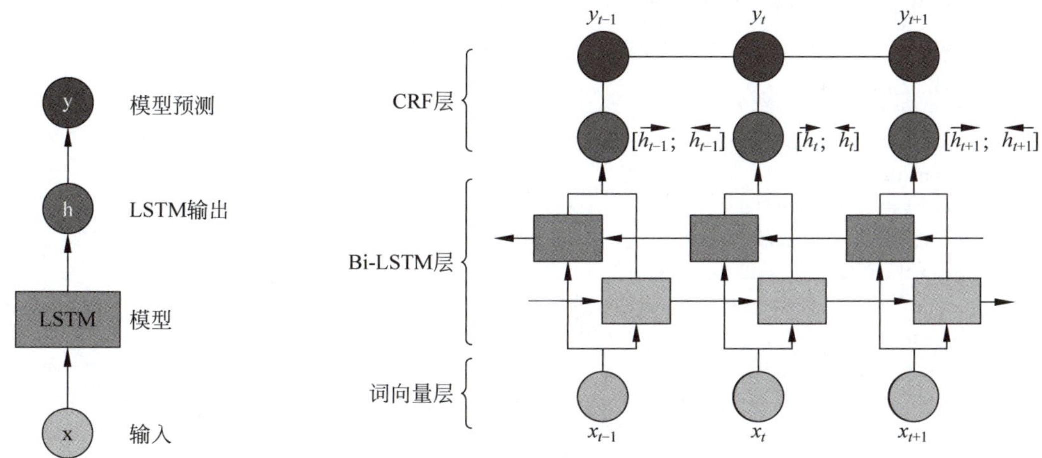

图 4.1　模型图

集，并且将数据定义为 json 格式，如下所示：

```
{'tokens': ['当', '希', '望', '工', '程', '救', '助', '的', '百', '万', '儿', '童', '成', '长', '起', '来', '，', '科', '教',
'兴', '国', '蔚', '然', '成', '风', '时', '，', '今', '天', '有', '收', '藏', '价', '值', '的', '书', '你', '没', '买', '，',
'明', '日', '就', '叫', '你', '悔', '不', '当', '初', '！'], 'labels': [6, 6, 6, 6, 6, 6, 6, 6, 6, 6, 6, 6, 6, 6, 6, 6, 6,
6, 6, 6, 6, 6, 6, 6, 6, 6, 6, 6, 6, 6, 6, 6, 6, 6, 6, 6, 6, 6, 6, 6, 6, 6, 6, 6, 6, 6, 6, 6, 6, 6]}
{'B-PER': 0, 'I-PER': 1, 'B-ORG': 2, 'I-ORG': 3, 'B-LOC': 4, 'I-LOC': 5, 'O': 6}
```

本数据集一共包含 51 884 条数据，为了更好地观察模型的性能，我们将集成的数据集切分为：训练集、验证集、测试集三个子集(该数据集中包含测试集，为了简单操作，此处使用原数据集的测试集作为验证集使用)：

```
from paddlenlp.datasets import load_dataset
# 由于 MSRA_NER 数据集没有 dev dataset
# 这里重复加载 test dataset 作为 dev_ds
train_ds, dev_ds, test_ds = load_dataset(
        'msra_ner', splits = ('train', 'test', 'test'), lazy = False)
```

加载好数据集之后，需要手动构建词典，将自然语言单词处理为数字下标的形式，方便后面分布式词向量的转化，本实践统计代训练集中出现的单词，为每个不同的单词赋予一个下标，并且增加两个额外的"单词"符号："PAD"符号作为长度填充单词，而"OOV"符号作为未登录词的替代词：

```
label_vocab = {label:label_id for label_id, label in
enumerate(train_ds.label_list)}
words = set()
word_vocab = []
for item in train_ds:
    word_vocab += item['tokens']
word_vocab = {k:v + 2 for v,k in enumerate(set(word_vocab))}
word_vocab['PAD'] = 0
word_vocab['OOV'] = 1
```

定义好词典后，需要将文本转化为词下标形式，作为模型训练的输入，该过程通过

convert_tokens_to_ids()函数实现，同时定义 convert_example()函数，处理单个样本，其中 train_ds.map (convert_example)命令表示对 train_ds 中的每一条数据都使用 convert_example 函数进行映射：

```
def convert_tokens_to_ids(tokens, vocab, oov_token='OOV'):
    token_ids = []
    oov_id = vocab.get(oov_token) if oov_token else None
    for token in tokens:
        token_id = vocab.get(token, oov_id)
        token_ids.append(token_id)
    return token_ids
def convert_example(example):
        tokens, labels = example['tokens'],example['labels']
        token_ids = convert_tokens_to_ids(tokens, word_vocab, 'OOV')
        label_ids = labels #convert_tokens_to_ids(labels, label_vocab, 'O')
        return token_ids, len(token_ids), label_ids
train_ds.map(convert_example)
dev_ds.map(convert_example)
test_ds.map(convert_example)
```

为了使样本能够批量输入到模型中，需要定义批量转化函数 batchify_fn 操作，本实践实现该操作为一个 lambda 表达式，即将样本中的 token_ids 使用 Pad()函数进行填充，填充符号为“PAD”，对文本的原始序列长度，使用 Stack()函数将批量长度拼接，使用 Pad()函数对标签类型进行填充，即末尾填充“O”类型(对应“PAD”字符的类型)，然后使用 paddle.io.DataLoader 进行封装，在 DataLoader 中可指定批大小、是否打乱数据顺序、批量输出处理函数等操作：

```
batchify_fn = lambda samples, fn=Tuple(
        Pad(axis=0, pad_val=word_vocab.get('PAD')),
        Stack(),                                     # seq_len
        Pad(axis=0, pad_val=label_vocab.get('O'))  # label_ids
    ): fn(samples)
train_loader = paddle.io.DataLoader(
        dataset=train_ds, batch_size=32, shuffle=True,
        drop_last=True, return_list=True,
        collate_fn=batchify_fn)
dev_loader = paddle.io.DataLoader(
        dataset=dev_ds, batch_size=32, drop_last=True,
        return_list=True, collate_fn=batchify_fn)
test_loader = paddle.io.DataLoader(
        dataset=test_ds, batch_size=32, drop_last=True,
        return_list=True, collate_fn=batchify_fn)
```

步骤 2：BiLSTM+CRF 模型配置

本实践实现基于 BiLSTM+CRF 的命名实体识别。该模型首先继承 nn.Layer 抽象类，可实现模型训练、验证模式切换等功能，然后使用初始化 nn.Embedding 类，学习词向量表

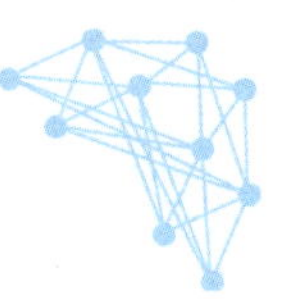

示，使用 nn. LSTM 类作为本方法的编码器部分，并且通过参数 direction 设置为双向网络，经过编码之后，需要将文本中的每个单词的隐状态表示映射到不同的类别上，此处为了方便后续处理，需要定义两个额外的状态：**开始解码状态与结束解码状态**，标识解码的开始与结束（一般对应开始字符与结束字符）。PaddleNLP 实现了 LinearChainCrf 类，该类是一个线性链条件随机场，在序列任务预测过程中，可以实现序列依赖关系，初始化 LinearChainCrf 类需要接收一个参数，即类型数（不包含开始解码状态与结束解码状态），实例化后的 LinearChainCrf 对象需要结合 ViterbiDecoder 进行解码，ViterbiDecoder 在解码标签序列时，使得到的标签序列打分最高，但是该解码器仅在测试时使用，在解码时，需要传递两个必要的参数，每个时间步的预测结果（概率分布）与每个句子的长度数组：

```
class BiLSTMWithCRF(nn.Layer):
    def __init__(self, emb_size,
                 hidden_size, word_num, label_num,
                 use_w2v_emb = False):
        super(BiLSTMWithCRF, self).__init__()
        self.word_emb = nn.Embedding(word_num, emb_size)
        self.lstm = nn.LSTM(emb_size,
                            hidden_size,
                            num_layers = 2,
                            direction = 'bidirectional')
        self.fc = nn.Linear(hidden_size * 2, label_num + 2)  # BOS EOS
        self.crf = LinearChainCrf(label_num)
        self.decoder = ViterbiDecoder(self.crf.transitions)
    def forward(self, x, lens):
        embs = self.word_emb(x)
        output, _ = self.lstm(embs)
        output = self.fc(output)
        _, pred = self.decoder(output, lens)
        return output, lens, pred
```

步骤 3：模型训练

定义好模型之后，需要定义训练模型所需要的优化器、损失函数、评价函数等组件，本实践仍旧使用 Adam 优化器进行参数更新。由于本实践需要使用 CRF 进行解码约束，因此，使用的损失函数为线性链条件随机场损失（LinearChainCrfLoss），初始化该损失类需要接收一个参数，即模型中定义的 LinearChainCrf 实例，自动学习并适应训练数据集的状态转移关系。对于命名实体识别问题，需要对预测结果进行实体块的解析，PaddleNLP 提供了 ChunkEvaluator 类，专门针对命名实体及其扩展任务类型进行评估。本实践使用 PaddlePaddle 的高层 API 进行训练，即首先使用 Model 类进行模型的封装，然后调用 Model. prepare()，配置模型优化使用的优化器、损失函数及评价函数，调用 Model. fit()接口，传入训练数据、验证数据，配置训练轮数、保存参数的地址等参数：

```
# Define the model netword and its loss
# network = BiLSTMWithCRF(300, 300, len(word_vocab), len(label_vocab))
model = paddle,Model(network)
```

```
optimizer = paddle.optimizer.Adam(learning_rate = 0.001, parameters = model.parameters())
crf_loss = LinearChainCrfLoss(network.crf)
chunk_evaluator = ChunkEvaluator(label_list =
                                label_vocab.keys(),
                                suffix = True)
model.prepare(optimizer, crf_loss, chunk_evaluator)
model.fit(train_data = train_loader,
          eval_data = dev_loader,
          epochs = 10,
          save_dir = './results',
          log_freq = 100)
```

训练过程的部分输出如下：

```
step  100/1406 - loss: 28.4015 - precision: 0.0960 - recall: 0.0502 - f1: 0.0659 - 140ms/step
step  200/1406 - loss: 0.0000e+00 - precision: 0.3223 - recall: 0.2206 - f1: 0.2620 - 137ms/step
step  300/1406 - loss: 0.1351 - precision: 0.4407 - recall: 0.3430 - f1: 0.3858 - 134ms/step
step  400/1406 - loss: 0.6926 - precision: 0.5028 - recall: 0.4158 - f1: 0.4552 - 130ms/step
step  500/1406 - loss: 16.1168 - precision: 0.5493 - recall: 0.4733 - f1: 0.5085 - 128ms/step
step  600/1406 - loss: 0.0000e+00 - precision: 0.5816 - recall: 0.5139 - f1: 0.5456 - 127ms/step
step  700/1406 - loss: 0.7591 - precision: 0.6063 - recall: 0.5462 - f1: 0.5747 - 126ms/step
step  800/1406 - loss: 9.2798 - precision: 0.6257 - recall: 0.5710 - f1: 0.5971 - 125ms/step
step  900/1406 - loss: 1.0206 - precision: 0.6429 - recall: 0.5928 - f1: 0.6169 - 125ms/step
step 1000/1406 - loss: 12.0070 - precision: 0.6582 - recall: 0.6123 - f1: 0.6344 - 127ms/step
step 1100/1406 - loss: 0.0000e+00 - precision: 0.6706 - recall: 0.6280 - f1: 0.6486 - 126ms/step
step 1200/1406 - loss: 0.0000e+00 - precision: 0.6816 - recall: 0.6418 - f1: 0.6611 - 125ms/step
step 1300/1406 - loss: 27.2865 - precision: 0.6925 - recall: 0.6550 - f1: 0.6732 - 125ms/step
step 1400/1406 - loss: 18.4932 - precision: 0.7016 - recall: 0.6667 - f1: 0.6837 - 125ms/step
step 1406/1406 - loss: 0.0000e+00 - precision: 0.7019 - recall: 0.6672 - f1: 0.6841 - 125ms/step
save checkpoint at /home/aistudio/results/0
Eval begin...
The loss value printed in the log is the current batch, and the metric is the average value of previous step.
step 100/107 - loss: 0.0000e+00 - precision: 0.7925 - recall: 0.7251 - f1: 0.7573 - 94ms/step
step 107/107 - loss: 0.0000e+00 - precision: 0.7903 - recall: 0.7241 - f1: 0.7558 - 91ms/step
Eval samples: 3424
Epoch 2/10
step  100/1406 - loss: 0.0000e+00 - precision: 0.8303 - recall: 0.8282 - f1: 0.8292 - 123ms/step
step  200/1406 - loss: 0.0000e+00 - precision: 0.8338 - recall: 0.8371 - f1: 0.8355 - 123ms/step
step  300/1406 - loss: 0.5830 - precision: 0.8327 - recall: 0.8366 - f1: 0.8346 - 123ms/step
```

步骤 4：模型评估

使用 PaddlePaddle 高层 API 进行模型性能的评估，只需要调用 Model.evaluate()，传入测试数据即可：

```
model.evaluate(eval_data = test_loader, log_freq = 10)
```

评估测试集的输出结果如下：

```
Eval begin...
The loss value printed in the log is the current batch, and the metric is the average value of previous step.
step  10/107 - loss: 0.0000e+00 - precision: 0.9117 - recall: 0.8969 - f1: 0.9042 - 116ms/step
step  20/107 - loss: 0.0000e+00 - precision: 0.8991 - recall: 0.8424 - f1: 0.8698 - 173ms/step
step  30/107 - loss: 0.0000e+00 - precision: 0.9006 - recall: 0.8442 - f1: 0.8715 - 143ms/step
step  40/107 - loss: 0.0000e+00 - precision: 0.8950 - recall: 0.8523 - f1: 0.8731 - 128ms/step
step  50/107 - loss: 0.0000e+00 - precision: 0.8929 - recall: 0.8553 - f1: 0.8737 - 121ms/step
step  60/107 - loss: 0.0000e+00 - precision: 0.8915 - recall: 0.8633 - f1: 0.8772 - 121ms/step
step  70/107 - loss: 1.5039 - precision: 0.8871 - recall: 0.8576 - f1: 0.8721 - 118ms/step
step  80/107 - loss: 0.0000e+00 - precision: 0.8859 - recall: 0.8529 - f1: 0.8691 - 115ms/step
step  90/107 - loss: 0.0000e+00 - precision: 0.8848 - recall: 0.8516 - f1: 0.8679 - 112ms/step
```

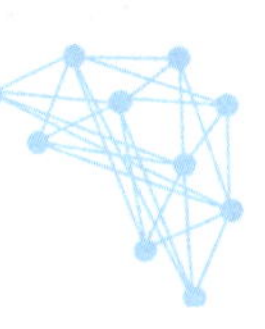

```
step 100/107 - loss: 0.0000e+00 - precision: 0.8792 - recall: 0.8493 - f1: 0.8640 - 107ms/step
step 107/107 - loss: 0.0000e+00 - precision: 0.8764 - recall: 0.8475 - f1: 0.8617 - 104ms/step
Eval samples: 3424
{'loss': [0.0],
 'precision': 0.8764243441392103,
 'recall': 0.847527120526181,
 'f1': 0.8617335417752301}
```

步骤 5：命名实体识别预测

在使用模型阶段，由于任务的特殊性，需要对模型输出的解码结果进行进一步解析，即根据预测结果解析出其中的实体块。首先定义 parse_decodes()函数，在函数中，将连续的[B-类型[,I-类型,…,I 类型]]([,I-类型,…,I-类型]表示 0 或多个中间部分类型)合并为一个实体，O 代表非实体类型：

```
def parse_decodes(ds, decodes, lens, label_vocab):
    decodes = [x for batch in decodes for x in batch]
    lens = [x for batch in lens for x in batch]
    print(len(decodes), len(decodes))
    id_label = dict(zip(label_vocab.values(), label_vocab.keys()))
    outputs = []
    i = 0
    for idx, end in enumerate(lens):
        sent = ds.data[idx]['tokens'][:end]
        tags = [id_label[x] for x in decodes[idx][:end]]
        sent_out = []
        tags_out = []
        words = ""
        for s, t in zip(sent, tags):
            if t.startswith('B-') or t == 'O':
                if len(words):
                    sent_out.append(words)              # 上一个实体保存
                tags_out.append(t.split('-')[-1])       # 保存该实体的类型
                words = s
            else:
                words += s
        if len(sent_out) < len(tags_out):
            sent_out.append(words)
        if len(sent_out) != len(tags_out):
            print(len(sent_out),len(tags_out))
            continue
        cs = [str((s, t)) for s, t in zip(sent_out, tags_out)]
        ss = ''.join(cs)
        i += 1
        outputs.append(ss)
  return outputs
```

调用 Model.predict()接口，输入测试数据进行预测，并打印预测结果：

```
outputs, lens, decodes = model.predict(test_data = test_loader)
preds = parse_decodes(test_ds, decodes, lens, label_vocab)
```

```
print(preds[0])
print('----------------')
print(preds[1])
print('----------------')
print(preds[2])
```

预测过程的部分输出如下：

```
Predict begin...
step 107/107 [==============================] - ETA: 8s - 85ms/ste
('中共中央致中国致公党', 'ORG')('十一大', 'O')('的', 'O')('贺', 'O')('词', 'O')('各', 'O')('位', 'O')('代', 'O')('表', 'O')
('、', 'O')('各', 'O')('位', 'O')('同', 'O')('志', 'O')('：', 'O')('在', 'O')('中国致公党', 'ORG')('第', 'O')('十', 'O')
('一', 'O')('次', 'O')('全', 'O')('国', 'O')('代', 'O')('表', 'O')('大', 'O')('会', 'O')('隆', 'O')('重', 'O')('召', 'O')
('开', 'O')('之', 'O')('际', 'O')('，', 'O')('中国共产党中央', 'ORG')('委', 'O')('员会', 'O')('谨', 'O')('向', 'O')('大',
'O')('会', 'O')('表', 'O')('示', 'O')('热', 'O')('烈', 'O')('的', 'O')('祝', 'O')('贺', 'O')('，', 'O')('向', 'O')('致公党',
'O')('的', 'O')('同', 'O')('志', 'O')('们', 'O')('致', 'O')('以', 'O')('亲', 'O')('切', 'O')('的', 'O')('问', 'O')('候',
'O')('！', 'O')
----------------
('在', 'O')('过', 'O')('去', 'O')('的', 'O')('五', 'O')('年', 'O')('中', 'O')('，', 'O')('致公党', 'O')('在', 'O')('邓小平',
'PER')('理', 'O')('论', 'O')('指', 'O')('引', 'O')('下', 'O')('，', 'O')('遵', 'O')('循', 'O')('社', 'O')('会', 'O')('主',
'O')('义', 'O')('初', 'O')('级', 'O')('阶', 'O')('段', 'O')('的', 'O')('基', 'O')('本', 'O')('路', 'O')('线', 'O')('，',
'O')('努力', 'O')('实', 'O')('践', 'O')('致', 'O')('公党', 'O')('十大', 'O')('提', 'O')('出', 'O')('的', 'O')('发', 'O')
('挥', 'O')('参', 'O')('政', 'O')('党', 'O')('职', 'O')('能', 'O')('、', 'O')('加', 'O')('强', 'O')('自', 'O')('身', 'O')
('建', 'O')('设', 'O')('的', 'O')('基', 'O')('本', 'O')('任', 'O')('务', 'O')('。', 'O')
```

本实践展示了使用简单的 BiLSTM+CRF 解决命名实体识别问题，虽然简单易行，但是在性能上仍旧有较大的提升空间，读者可以尝试使用更加先进的方法，如在大规模预训练语言模型上进行微调。

实践十四：基于 BiLSTM+CRF 的事件抽取

事件抽取技术是从非结构化信息中抽取出用户感兴趣的事件，并以结构化呈现给用户。事件抽取任务可分解为 4 个子任务：触发词识别、事件类型分类、论元识别和角色分类任务，其中，触发词识别和事件类型分类可合并成**事件识别任务**。事件识别判断句子中的每个单词归属的事件类型，是一个基于单词的多分类任务。论元识别和角色分类可合并成**论元角色分类任务**，角色分类任务则是一个基于词对的多分类任务，判断句子中任意一对触发词和实体之间的角色关系。

根据上述合并后的两个子任务，可以将事件抽取分为两部分执行，即主流的方法使用两个子任务完成事件抽取任务：①识别事件并判断类型，使用序列词分类的方式识别触发词并判断事件类型（与实践十三的 NER 任务类似），或者直接使用文本分类的方式判断 mention 对应的事件类型；②识别论元角色并判断类型，使用序列词分类（与实践十三的 NER 任务类似），或者三元组抽取的方式，把事件的重要角色识别出来并分类。

本实践使用 BiLSTM 实现两个子任务中的分类，代码运行的环境配置如下：Python 版本为 3.7，PaddlePaddle 版本为 2.0.0，操作平台为 AI Studio。

步骤 1：DuEE 1.0 数据准备

本实践使用 DuEE 1.0 数据集，该数据集为基于现实场景的大规模中文事件抽取数据

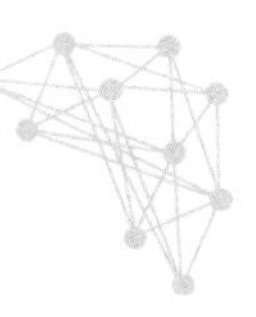

集，提供了丰富的标注，包括触发器、事件类型、事件论元以及它们各自的论元角色，由 19 640 个事件组成，分为 65 种事件类型，以及映射到 121 个论元角色的 41 520 个事件论元，数据格式如下：


```
{"text": "不仅仅是中国IT企业在裁员，为何500强的甲骨文也发生了全球裁员", "id": "c970d67bb8d3e57db77c4dbbd
fbe9769", "event_list": [{"event_type": "组织关系-裁员", "trigger": "裁员", "trigger_start_index": 11, "
arguments": [{"argument_start_index": 4, "role": "裁员方", "argument": "中国IT企业", "alias": []}], "cla
ss": "组织关系"}, {"event_type": "组织关系-裁员", "trigger": "裁员", "trigger_start_index": 30, "argumen
ts": [{"argument_start_index": 16, "role": "裁员方", "argument": "500强的甲骨文", "alias": []}], "class"
: "组织关系"}]}
{"text": "据猛龙随队记者Josh Lewenberg报道，消息人士透露，猛龙已将前锋萨加巴-科纳特裁掉。此前他与猛龙签>
下了一份Exhibit 10合同。在被裁掉后，科纳特下赛季大概率将前往猛龙的发展联盟球队效力。", "id": "8a440ade8a
8bac469e0357cc519ec9c0", "event_list": [{"event_type": "组织关系-裁员", "trigger": "裁掉", "trigger_star
t_index": 44, "arguments": [{"argument_start_index": 31, "role": "裁员方", "argument": "猛龙", "alias":
[]}], "class": "组织关系"}, {"event_type": "组织关系-加盟", "trigger": "签下", "trigger_start_index": 53
, "arguments": [{"argument_start_index": 35, "role": "加盟者", "argument": "前锋萨加巴-科纳特", "alias":
[]}, {"argument_start_index": 51, "role": "所加盟组织", "argument": "猛龙", "alias": []}], "class": "组
织关系"}, {"event_type": "组织关系-裁员", "trigger": "裁掉", "trigger_start_index": 73, "arguments": [{"
argument_start_index": 31, "role": "裁员方", "argument": "猛龙", "alias": []}], "class": "组织关系"}]}
```


其中，event_type 为事件类型，对应 trigger 字段为该事件的触发词，arguments 中定义相关的论元角色。

在本实践中，我们对事件识别任务与论元角色识别任务均采用类命名实体识别的方法分别进行建模，因此首先需要将数据处理为命名实体识别任务相同的格式：

（1）读、写文件。

```
# 读文件,按行返回
def read_by_lines(path):
    result = list()
    with open(path, "r") as infile:
        for line in infile:
            result.append(line.strip())
    return result
# 按行写文件
def write_by_lines(path, data):
    with open(path, "w") as outfile:
        [outfile.write(d + "\n") for d in data]
# 读取字典文件,加载标签文件
def load_dict(dict_path):
    vocab = {}
    for line in open(dict_path, 'r', encoding = 'utf - 8'):
        value, key = line.strip('\n').split('\t')
        vocab[key] = int(value)
return vocab
```

（2）数据处理为事件识别任务与论元角色识别任务分别做准备。例如，对于一个触发词，我们可以将其拆分为几个单字（英文为单词），并对每个字进行类型标注，触发词的开始字标注为“B-类型”，而触发词的中间或结尾字标注为“I-类型”，论元角色分类任务也做同样的处理，然后将处理好的数据保存于文件中，便于重复利用：

```
def data_process(path, model = "trigger", is_predict = False):
    # 为事件或者论元角色打标签
    def label_data(data, start, l, _type):
        for i in range(start, start + l):
```

```
                suffix = "B-" if i == start else "I-"
                data[i] = "{}{}".format(suffix, _type)
            return data
        sentences = []
        output = ["text_a"] if is_predict else ["text_a\tlabel"]
        with open(path) as f:
            for line in f:
                d_json = json.loads(line.strip())
                _id = d_json["id"]
                # 特殊符号统一用,替代
                text_a = [
                    "," if t == " " or t == "\n" or t == "\t" else t
                    for t in list(d_json["text"].lower())
                ]
                if is_predict:
                    sentences.append({"text": d_json["text"], "id": _id})
                    output.append('\002'.join(text_a))
                else:
                    if model == "trigger":
                        labels = ["O"] * len(text_a)
                        for event in d_json.get("event_list", []):
                            event_type = event["event_type"]
                            start = event["trigger_start_index"]
                            trigger = event["trigger"]
                            labels = label_data(labels, start, len(trigger), event_type)
                      output.append("{}\t{}".format('\002'.join(text_a), '\002'.join(labels)))
                    elif model == "role":
                        for event in d_json.get("event_list", []):
                            labels = ["O"] * len(text_a)
                            for arg in event["arguments"]:
                                role_type = arg["role"]
                                argument = arg["argument"]
                                start = arg["argument_start_index"]
                                labels = label_data(labels, start, len(argument), role_type)
                                output.append("{}\t{}".format(
                                '\002'.join(text_a), '\002'.join(labels)))
        return output
# 处理标签(扩充),将标签处理为"B-类型"、"I-类型"、"O"格式
def schema_process(path, model = "trigger"):
    # 标签形式扩充(处理单个标签),将单个标签拆分为两个标签
    def label_add(labels, _type):
        # 标签拆分
        if "B-{}".format(_type) not in labels:
            labels.extend(["B-{}".format(_type), "I-{}".format(_type)])
        return labels
    labels = []
    for line in read_by_lines(path):
        d_json = json.loads(line.strip())
        if model == "trigger":
            labels = label_add(labels, d_json["event_type"])
```

```
        elif model == "role":
            for role in d_json["role_list"]:
                labels = label_add(labels, role["role"])
    labels.append("O")
    tags = []
    for index, label in enumerate(labels):
        tags.append("{}\t{}".format(index, label))
return tags
```

（3）调用上述函数进行数据格式转换，并保存新生成的数据：

```
conf_dir = "./data/data80850"
schema_path = "{}/event_schema.json".format(conf_dir)
tags_trigger_path = "{}/trigger_tag.dict".format(conf_dir)
tags_role_path = "{}/role_tag.dict".format(conf_dir)
tags_trigger = schema_process(schema_path, "trigger")
write_by_lines(tags_trigger_path, tags_trigger)
tags_role = schema_process(schema_path, "role")
write_by_lines(tags_role_path, tags_role)
# 定义数据路径
data_dir = "./data/data80850"
trigger_save_dir = "{}/trigger".format(data_dir)
role_save_dir = "{}/role".format(data_dir)
if not os.path.exists(trigger_save_dir):
    os.makedirs(trigger_save_dir)
if not os.path.exists(role_save_dir):
    os.makedirs(role_save_dir)trigger_save_dir))
```

事件识别任务数据格式转换，并将转换后的数据保存：

```
train_tri = data_process("{}/train.json".format(data_dir), "trigger")
write_by_lines("{}/train.tsv".format(trigger_save_dir), train_tri)
dev_tri = data_process("{}/dev.json".format(data_dir), "trigger")
write_by_lines("{}/dev.tsv".format(trigger_save_dir), dev_tri)
test_tri = data_process("{}/test.json".format(data_dir), "trigger")
write_by_lines("{}/test.tsv".format(trigger_save_dir), test_tri)
```

论元角色识别数据格式转换，并将转换后的数据保存：

```
train_role = data_process("{}/train.json".format(data_dir), "role")
write_by_lines("{}/train.tsv".format(role_save_dir), train_role)
dev_role = data_process("{}/dev.json".format(data_dir), "role")
write_by_lines("{}/dev.tsv".format(role_save_dir), dev_role)
test_role = data_process("{}/test.json".format(data_dir), "role")
write_by_lines("{}/test.tsv".format(role_save_dir), test_role)
print("train {} dev {} test {}".format(
    len(train_role), len(dev_role), len(test_role)))
```

处理好数据之后，进行字典构建，将文本中的字转换为唯一下标形式，便于模型中的分布式词向量表示：

```
# 根据训练集与测试集的文本数据,构建字典
def get_vocab():
    train_lines = open('data/data80850/train.json','r',encoding='utf-8').readlines()
    dev_lines = open('data/data80850/dev.json','r',encoding='utf-8').readlines()
    lines = train_lines + dev_lines
    vocab = set()
    for line in lines:
        ll = json.loads(line.strip())
        for c in ll['text']:
            vocab.add(c)
    vocab = {c:i+2 for i,c in enumerate(list(vocab))}
    vocab['<pad>'],vocab['<unk>'] = 0,1    # 添加填充、未登录词字符
return vocab
# 将单词转化为下标
def word2id(line,vocab,max_len=145):
    r = []
    for c in line:
        if c not in vocab:
            r.append(vocab['<unk>'])
        else:
            r.append(vocab[c])
    r = r[:max_len]
    lens = len(r)
    r = r+[0]*(max_len-len(r))
    return r,lens
# 调用函数,构建字典
vocab = get_vocab()
vocab_size = len(list(vocab))
```

步骤 2: BiLSTM+CRF 模型配置

数据准备好之后,便可以配置模型,本实践使用基于 BiLSTM+CRF 算法进行事件识别及论元角色识别,模型部分与实践十三中类似,此处不再赘述。

```
class LSTM_Model(nn.Layer):
    def __init__(self,vocab_num, emb_size, hidden_size, num_layers, num_labels, dropout):
        super(LSTM_Model, self).__init__()
        self.embedding = nn.Embedding(vocab_num, emb_size)
        self.lstm = nn.LSTM(emb_size, hidden_size, num_layers=num_layers, direction=
'bidirect', dropout=dropout)
        self.linear = nn.Linear(hidden_size * 2, num_labels+2)
        self.dropout = nn.Dropout(dropout)
        self.crf = LinearChainCrf(num_labels)
        self.decoder = ViterbiDecoder(self.crf.transitions)

    def forward(self,input_ids,seq_lens=None,target=None):
        token_emb = self.embedding(input_ids)
        sequence_output, (hidden, cell) = self.lstm(token_emb)
        outputs = self.linear(sequence_output)
        _, logits = self.decoder(outputs,seq_lens)        # 仅预测时使用
        return outputs, logits
```

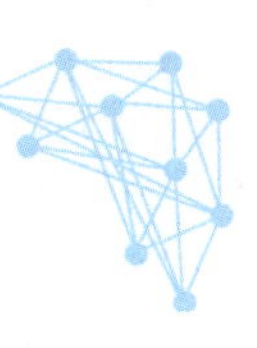

步骤 3：模型训练

（1）首先定义训练需要的参数及数据路径：

```
num_epoch = 10
learning_rate = 0.001
base_dir = 'data80850'
tag_path = './data/{}/trigger_tag.dict'.format(base_dir)
data_dir = './data/{}/trigger'.format(base_dir)
train_data = './data/{}/trigger/train.tsv'.format(base_dir)
dev_data = './data/{}/trigger/dev.tsv'.format(base_dir)
test_data = './data/{}/trigger/test.tsv'.format(base_dir)
predict_data = './data/{}/test.json'.format(base_dir)
checkpoints = './data/{}/trigger/'.format(base_dir)
init_ckpt = './data/{}/trigger/best.pdparams'.format(base_dir)
weight_decay = 0.01
warmup_proportion = 0.1
max_seq_len = 145
valid_step = 500
skip_step = 50
batch_size = 32
predict_save_path = None
seed = 1024
```

（2）在训练之前，还需要对样本数据进行适当转化以及批量化处理，首先将样本句子（上下文）填充到固定长度，并转化为单词下标形式，每个样本包含三部分：词下标 idx、词标签、原句长度：

```
def convert_example_to_feature(example, label_vocab = None,
    max_seq_len = 145, no_entity_label = "O",
    ignore_label = -1, is_test = False):
    tokens, labels, seq_len = example
    input_ids, seq_lens = word2id(tokens, vocab)
    if is_test:
        return input_ids, seq_lens
    elif label_vocab is not None:
        encoded_label = labels[:seq_lens]
        encoded_label = [label_vocab[x] for x in encoded_label]
        encoded_label = encoded_label + [-1] * (max_seq_len - min(seq_lens, 145) )
        return input_ids, encoded_label, seq_lens
```

（3）自定义数据集类 DuEventExtraction，继承 Dataset 类型，训练时再使用 paddle.io.DataLoader 进行批量数据处理，获取可批量迭代的数据加载器：

```
class DuEventExtraction(paddle.io.Dataset):
    def __init__(self, data_path, tag_path):
        self.label_vocab = load_dict(tag_path)
        self.word_ids = []
        self.label_ids = []
        self.seq_lens = []
        with open(data_path, 'r', encoding = 'utf-8') as fp:
            next(fp)
```

```
                for line in fp.readlines():
                    words, labels = line.strip('\n').split('\t')
                    words = words.split('\002')
                    labels = labels.split('\002')
                    self.word_ids.append(words)
                    self.label_ids.append(labels)
                    self.seq_lens.append(len(words[:145]))
            self.label_num = max(self.label_vocab.values()) + 1
        def __len__(self):
            return len(self.word_ids)
        def __getitem__(self, index):
            return self.word_ids[index], self.label_ids[index], self.seq_lens[index]
```

（4）定义训练函数，主要包含以下几部分：模型实例化、数据集加载、数据集批量化、优化器定义（本实践使用 Adam 优化器）、评价类定义（本实践使用 ChunkEvaluator 类进行块预测评估）、损失函数定义（本实践同样使用 LinearChainCrfLoss 进行状态概率转移约束）：

```
def do_train():
    paddle.set_device('gpu')
    no_entity_label = "O"
    ignore_label = -1
    label_map = load_dict(tag_path)
    id2label = {val: key for key, val in label_map.items()}
    vocab_num, emb_size, hidden_size, num_layers, num_labels, \ dropout = vocab_size,256,
256,2,len(list(id2label)),0.1
    model = LSTM_Model(vocab_num, emb_size, hidden_size, num_layers, num_labels, dropout)
    train_ds = DuEventExtraction(train_data, tag_path)
    dev_ds = DuEventExtraction(dev_data, tag_path)
    test_ds = DuEventExtraction(test_data, tag_path)
    trans_func = partial(
        convert_example_to_feature,
        label_vocab=train_ds.label_vocab,
        max_seq_len=max_seq_len,
        no_entity_label=no_entity_label,
        ignore_label=ignore_label,
        is_test=False)
    batchify_fn = lambda samples, fn=Tuple(
        Pad(axis=0, pad_val=0),                 # input ids
        Pad(axis=0, pad_val=ignore_label),      # labels
        Stack()                                 # seq_lens
    ): fn(list(map(trans_func, samples)))
    batch_sampler = paddle.io.DistributedBatchSampler(train_ds, batch_size=batch_size,
shuffle=True)
    train_loader = paddle.io.DataLoader(
        dataset=train_ds,
        batch_sampler=batch_sampler,
        collate_fn=batchify_fn)
    dev_loader = paddle.io.DataLoader(
        dataset=dev_ds,
        batch_size=batch_size,
        collate_fn=batchify_fn)
    test_loader = paddle.io.DataLoader(
```

```
        dataset = test_ds,
        batch_size = batch_size,
        collate_fn = batchify_fn)
    num_training_steps = len(train_loader) * num_epoch
    decay_params = [ p.name for n, p in model.named_parameters()
        if not any(nd in n for nd in ["bias", "norm"])]
    optimizer = paddle.optimizer.Adam(
        learning_rate = learning_rate,
        parameters = model.parameters(),
        weight_decay = weight_decay,
        apply_decay_param_fun = lambda x: x in decay_params)
    metric = ChunkEvaluator(label_list = train_ds.label_vocab.keys(), suffix = False)
    criterion = LinearChainCrfLoss(model.crf)
    step, best_f1 = 0, 0.0
    model.train()
    for epoch in range(num_epoch):
        for idx, (input_ids,labels,seq_lens) in enumerate(train_loader):
            outputs,logits = model(input_ids,seq_lens,labels)
               loss = criterion(inputs = outputs, lengths = seq_lens, labels = labels,
predictions = outputs)
            loss = paddle.mean(loss)
            loss.backward()
            optimizer.step()
            optimizer.clear_grad()
            loss_item = loss.numpy().item()
            if step > 0 and step % skip_step == 0:
                print(f'train epoch: {epoch} - step: {step} (total: {num_training_steps}) -
loss: {loss_item:.6f}')
            if step > 0 and step % valid_step == 0:
                p, r, f1, avg_loss = evaluate(model, criterion, metric, len(label_map), dev_loader)
                print(f'dev step: {step} - loss: {avg_loss:.5f}, precision: {p:.5f}, recall:
{r:.5f}, '\
                      f'f1: {f1:.5f} current best {best_f1:.5f}')
                if f1 > best_f1:
                    best_f1 = f1
print(f'==================== save best model '\
                          f'best performerence {best_f1:5f}')
                    paddle.save(model.state_dict(), '{}/best.pdparams'.format(checkpoints))
            step += 1
paddle.save(model.state_dict(), '{}/final.pdparams'.format(checkpoints))
```

(5) 为观察训练过程中模型的性能变化，每迭代一定次数，便可以使用验证集进行模型验证，定义评估函数如下：

```
@paddle.no_grad()
def evaluate(model, criterion, metric, num_label, data_loader):
    model.eval()
    metric.reset()
    losses = []
    for input_ids, labels, seq_lens in data_loader:
        outputs,logits = model(input_ids,seq_lens,labels)
        preds = logits
        n_infer, n_label, n_correct = metric.compute(None, seq_lens, preds, labels)
```

```
            metric.update(n_infer.numpy(),n_label.numpy(), n_correct.numpy())
            precision, recall, f1_score = metric.accumulate()
            loss = paddle.mean(
                    criterion(inputs = outputs,
                    lengths = seq_lens,labels = labels,
                    predictions = outputs))
            losses.append(loss.numpy()[0])
        avg_loss = np.mean(losses)
        model.train()
    return precision, recall, f1_score, avg_loss
```

(6) 调用 do_train()函数进行训练，对于事件识别任务与论元角色识别任务，可通过传参的形式控制不同任务分别训练：

```
# 训练事件识别模型
base_dir = 'data80850'
tag_path = './data/{}/trigger_tag.dict'.format(base_dir)
data_dir = './data/{}/trigger'.format(base_dir)
train_data = './data/{}/trigger/train.tsv'.format(base_dir)
dev_data = './data/{}/trigger/dev.tsv'.format(base_dir)
test_data = './data/{}/trigger/test.tsv'.format(base_dir)
predict_data = './data/{}/test.json'.format(base_dir)
checkpoints = './data/{}/trigger/'.format(base_dir)
init_ckpt = './data/{}/trigger/final.pdparams'.format(base_dir)
do_train()
# do_predict()
```

事件识别模型训练过程部分输出如下：

```
============start train==========
./data/data80850/trigger_tag.dict
in class: ./data/data80850/trigger_tag.dict
in class: ./data/data80850/trigger_tag.dict
in class: ./data/data80850/trigger_tag.dict
train epoch: 0 - step: 50 (total: 3740) - loss: 19.031086
train epoch: 0 - step: 100 (total: 3740) - loss: 16.959171
train epoch: 0 - step: 150 (total: 3740) - loss: 12.722326
train epoch: 0 - step: 200 (total: 3740) - loss: 11.749304
train epoch: 0 - step: 250 (total: 3740) - loss: 10.262821
train epoch: 0 - step: 300 (total: 3740) - loss: 9.943491
train epoch: 0 - step: 350 (total: 3740) - loss: 9.421361
train epoch: 1 - step: 400 (total: 3740) - loss: 11.823389
train epoch: 1 - step: 450 (total: 3740) - loss: 5.672486
train epoch: 1 - step: 500 (total: 3740) - loss: 7.578449
dev step: 500 - loss: 7.02757, precision: 0.55181, recall: 0.36266, f1: 0.43767 current best 0.00000
==============================================save best model best performerence 0.437671
train epoch: 1 - step: 550 (total: 3740) - loss: 4.572731
train epoch: 1 - step: 600 (total: 3740) - loss: 5.096625
train epoch: 1 - step: 650 (total: 3740) - loss: 3.942120
train epoch: 1 - step: 700 (total: 3740) - loss: 3.661419
train epoch: 2 - step: 750 (total: 3740) - loss: 2.303760
train epoch: 2 - step: 800 (total: 3740) - loss: 5.569954

train epoch: 8 - step: 3100 (total: 3740) - loss: 0.070486
train epoch: 8 - step: 3150 (total: 3740) - loss: 0.712807
train epoch: 8 - step: 3200 (total: 3740) - loss: 0.648153
train epoch: 8 - step: 3250 (total: 3740) - loss: 0.390490
train epoch: 8 - step: 3300 (total: 3740) - loss: 0.547128
train epoch: 8 - step: 3350 (total: 3740) - loss: 0.282912
train epoch: 9 - step: 3400 (total: 3740) - loss: 0.139725
train epoch: 9 - step: 3450 (total: 3740) - loss: 0.598071
train epoch: 9 - step: 3500 (total: 3740) - loss: 0.566953
```

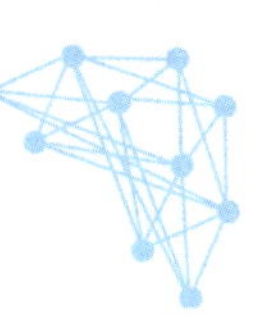


```
dev step: 3500 - loss: 2.73696, precision: 0.73690, recall: 0.73439, f1: 0.73565 current best 0.73496
==========================================save best model best performerence 0.735645
train epoch: 9 - step: 3550 (total: 3740) - loss: 0.175733
train epoch: 9 - step: 3600 (total: 3740) - loss: 0.457740
train epoch: 9 - step: 3650 (total: 3740) - loss: 0.538293
train epoch: 9 - step: 3700 (total: 3740) - loss: 0.267985
```

```
# 训练论元角色识别模型
tag_path = './data/{}/role_tag.dict'.format(base_dir)
data_dir = './data/{}/role'.format(base_dir)
train_data = './data/{}/role/train.tsv'.format(base_dir)
dev_data = './data/{}/role/dev.tsv'.format(base_dir)
test_data = './data/{}/role/test.tsv'.format(base_dir)
predict_data = './data/{}/test.json'.format(base_dir)
checkpoints = './data/{}/role/'.format(base_dir)
init_ckpt = './data/{}/role/final.pdparams'.format(base_dir)
do_train()
# do_predict()
```

论元角色识别模型训练过程部分输出如下：

```
train epoch: 4 - step: 1850 (total: 2610) - loss: 20.487400
train epoch: 4 - step: 1900 (total: 2610) - loss: 17.771820
train epoch: 4 - step: 1950 (total: 2610) - loss: 12.705269
train epoch: 4 - step: 2000 (total: 2610) - loss: 17.738750
dev step: 2000 - loss: 24.94981, precision: 0.34778, recall: 0.33489, f1: 0.34121 current best 0.30353
==========================================save best model best performerence 0.341211
train epoch: 4 - step: 2050 (total: 2610) - loss: 25.648294
train epoch: 4 - step: 2100 (total: 2610) - loss: 20.003466
train epoch: 4 - step: 2150 (total: 2610) - loss: 20.025286
train epoch: 5 - step: 2200 (total: 2610) - loss: 11.844006
train epoch: 5 - step: 2250 (total: 2610) - loss: 17.578817
train epoch: 5 - step: 2300 (total: 2610) - loss: 15.896798
train epoch: 5 - step: 2350 (total: 2610) - loss: 9.786781
train epoch: 5 - step: 2400 (total: 2610) - loss: 19.419754
train epoch: 5 - step: 2450 (total: 2610) - loss: 12.763751
train epoch: 5 - step: 2500 (total: 2610) - loss: 12.036349
dev step: 2500 - loss: 22.78435, precision: 0.38833, recall: 0.35273, f1: 0.36968 current best 0.34121
==========================================save best model best performerence 0.369678
train epoch: 5 - step: 2550 (total: 2610) - loss: 19.716080
train epoch: 5 - step: 2600 (total: 2610) - loss: 13.820727
```

步骤 4：事件抽取模型预测

(1) 训练结束后，在使用训练好的模型时，我们定义 do_predict()函数实现。在进行预测时，同样需要对数据进行类训练时的预处理，即首先将样本转化为批量可迭代的形式，然后输入到训练好的模型中，计算预测结果。此时，我们使用模型中的 ViterbiDecoder 解码器进行解码，求解概率最大的预测序列结果：

```
def do_predict():
    paddle.set_device('gpu')
    no_entity_label = "O"
    ignore_label = -1
    label_map = load_dict(tag_path)
    id2label = {val: key for key, val in label_map.items()}
    vocab_num, emb_size, hidden_size, num_layers, num_labels, dropout = vocab_size,256,256,
2,len(list(id2label)),0.1
```

```
    model = LSTM_Model(vocab_num, emb_size, hidden_size, num_layers, num_labels, dropout)
    if not init_ckpt or not os.path.isfile(init_ckpt):
        raise Exception("init checkpoints {} not exist".format(init_ckpt))
    else:
        state_dict = paddle.load(init_ckpt)
        model.set_dict(state_dict)
        print("Loaded parameters from %s" % init_ckpt)
sentences = read_by_lines(predict_data)
sentences = [json.loads(sent) for sent in sentences]
    encoded_inputs_list = []
    for sent in sentences:
        sent = sent["text"].replace(" ", "\002")
        input_ids = convert_example_to_feature([list(sent), [],len(sent)], max_seq_len =
max_seq_len, is_test = True)
        encoded_inputs_list.append((input_ids))
    batchify_fn = lambda samples, fn = Tuple(
        Pad(axis = 0, pad_val = 0), # input_ids
        Stack()
    ): fn(samples)
    batch_encoded_inputs = [encoded_inputs_list[i: i + batch_size]
                            for i in range(0, len(encoded_inputs_list),batch_size)]
    results = []
    model.eval()
    for batch in batch_encoded_inputs:
        input_ids,seq_lens = batchify_fn(batch)
        input_ids = paddle.to_tensor(input_ids)
        seq_lens = paddle.to_tensor(seq_lens)
        outputs,logits = model(input_ids,seq_lens)
        probs_ids = logits.numpy() #paddle.argmax(probs, -1).numpy()
        for p_ids, seq_len in zip( probs_ids.tolist(), seq_lens.numpy().tolist()):
            label_one = [id2label[pid] for pid in p_ids[1: seq_len - 1]]
            results.append({"labels": label_one})
    assert len(results) == len(sentences)
    print(results[:10])
    for sent, ret in zip(sentences, results):
        sent["pred"] = ret
    sentences = [json.dumps(sent, ensure_ascii = False) for sent in sentences]
    print(sentences[:10])
```

(2) 调用 do_predict()函数进行预测,并输出预测结果(注意,do_predict()在执行时应紧跟其对应的 do_train()进行,避免两个子任务之间数据路径的不对应导致代码执行错误):

```
do_predict()
```

事件识别模型预测部分输出如下:

```
============start predict==========
Loaded parameters from ./data/data80850/trigger/best.pdparams
[{'labels': ['0', '0', '0', '0', '0', '0', '0', '0', '0', '0', '0', '0', '0', '0', '0', 'B-产品行为-上映', 'I-产品行为-上
映', '0', '0', '0', '0', '0', '0', '0', '0', '0', '0', '0', '0', '0', '0', '0', '0', '0', '0', '0', '0', '0', '0', '0',
'0', '0', '0', '0', '0']}, {'labels': ['0', 'B-财经/交易-出售/收购', 'I-财经/交易-出售/收购', '0', '0', '0', '0', '0', '0',
'0', '0', '0', '0', '0', '0', '0', '0', '0', '0', '0', '0', '0', '0', '0']}, {'labels': ['0', '0', '0', '0', '0', '0',
'0', '0', '0', '0', '0', '0', '0', '0', '0', '0', '0', '0', '0', '0', '0', '0', '0', '0', '0', '0', '0', '0', '0', '0',
'0', '0', '0', '0', '0', '0', '0', '0', '0', '0', '0', '0', '0', '0', 'I-组织行为-开幕', 'I-组织行为-开幕']}, {'labels':
['0', '0', '0', '0', '0', '0', '0', '0', '0', '0', '0', '0', 'B-产品行为-发布', 'I-产品行为-发布', '0', '0', '0', '0', '0',
```

```
'0', '0', '0', '0', '0', '0', '0', '0', '0', '0', '0', '0', '0']}, {'labels': ['0', '0', '0', '0', '0', '0', '0', '0',
'0', '0', '0', '0', '0', '0', '0', '0', '0', '0', '0', '0', '0', '0', '0', '0', '0', '0', '0', '0', '0', '0', '0', '0',
'0', '0', '0', '0', '0', '0', '0', '0', '0', '0', '0', '0', '0', '0', '0', 'B-人生-分手', 'I-人生-分手']}, {'labels':
['0', '0', '0', '0', '0', '0', '0', '0', '0', '0', '0', '0', '0', '0', '0', '0', '0', '0']}, {'labels': ['0', '0',
'0', '0', '0', '0', '0', '0', '0', '0', '0', '0', '0', '0', '0', '0', '0', '0', '0', '0', '0', '0', '0', '0',
'0', '0', 'B-竞赛行为-胜负', 'I-竞赛行为-胜负', '0', '0', '0', '0', '0', '0', '0', '0', '0', '0', '0', '0', '0', '0', '0',
'0', '0', '0', '0', '0', '0', '0', '0', '0', '0', '0', '0', '0', '0', '0', '0', '0', '0', '0', '0', '0', '0', '0', '0',
'0', '0', '0', '0', '0', '0', '0', '0']}, {'labels': ['0', '0', '0', '0', '0', '0', '0', '0', '0', '0', '0', '0', '0',
'0', '0', '0', '0', '0', '0', '0', '0', '0', '0']}, {'labels': ['0', '0', '0', '0', '0', '0', '0', '0', '0', '0',
'0', '0', '0', '0', '0', '0', '0', '0', '0', '0', '0', '0', '0', '0', '0', '0', '0', '0', '0', '0', '0', '0', '0', '0',
'B-财经/交易-涨价', 'I-财经/交易-涨价', '0', '0', '0', '0', '0', '0']}, {'labels': ['0', '0', '0', '0', '0', '0', '0', '0',
'0', '0', '0', '0', '0', '0', '0', '0', '0', '0', '0', '0', '0', '0']}]
```

```
['{"text": "振华三部曲的《暗恋橘生淮南》终于定档了，洛枳爱盛淮南谁也不知道，洛枳爱盛淮南其实全世界都知道。", "id": "a7c74f75eb898637709
6b4dc62db217d", "pred": {"labels": ["0", "0", "0", "0", "0", "0", "0", "0", "0", "0", "0", "0", "0", "0", "0", "B-产品行
为-上映", "I-产品行为-上映", "0", "0", "0", "0", "0", "0", "0", "0", "0", "0", "0", "0", "0", "0", "0", "0", "0", "0",
"0", "0", "0", "0", "0", "0", "0", "0", "0", "0"]}}', '{"text": "腾讯收购《全境封锁》瑞典工作室 欲开发另类游戏大IP", "id": "1bf
5de39669122e4458ed6db2cddc0c4", "pred": {"labels": ["0", "B-财经/交易-出售/收购", "I-财经/交易-出售/收购", "0", "0", "0",
"0", "0", "0", "0", "0", "0", "0", "0", "0", "0", "0", "0", "0", "0", "0", "0", "0", "0"]}}', '{"text": "6月22日，山外杯第
四届全国体育院校篮球联赛（SCBA）在日照市山东外国语职业技术大学拉开战幕。", "id": "b98df49b32e4e9924c23bb0cd0c1e83d", "pred": {"labe
ls": ["0", "0", "0", "0", "0", "0", "0", "0", "0", "0", "0", "0", "0", "0", "0", "0", "0", "0", "0", "0", "0", "0",
"0", "0", "0", "0", "0", "0", "0", "0", "0", "0", "0", "0", "0", "0", "0", "0", "0", "0", "0", "0", "I-组织行
为-开幕", "I-组织行为-开幕"]}}', '{"text": "e公司讯，工信部装备工业司发布2019年智能网联汽车标准化工作要点。", "id": "b73704c1d86084e
f14d942168b310b1c", "pred": {"labels": ["0", "0", "0", "0", "0", "0", "0", "0", "0", "0", "0", "0", "B-产品行为-发布", "I
-产品行为-发布", "0", "0", "0", "0", "0", "0", "0", "0", "0", "0", "0", "0", "0", "0", "0", "0", "0", "0"]}}', '{"text":
"新京报讯 5月7日,中国台湾歌手陈绮贞在社交网络上宣布，已于两年前与交往18年的男友、音乐人钟成虎分手。","id": "9f7f677595a7f19ca16304a3d85
ae94f", "pred": {"labels": ["0", "0", "0", "0", "0", "0", "0", "0", "0", "0", "0", "0", "0", "0", "0", "0", "0", "0",
"0", "0", "0", "0", "0", "0", "0", "0", "0", "0", "0", "0", "0", "0", "0", "0", "0", "0", "0", "0", "0", "0", "0", "0",
"0", "0", "0", "0", "0", "B-人生-分手", "I-人生-分手"]}}', '{"text": "国际金价短期回调 后市银价有望出现较大涨幅", "id": "4d1f9645
93cd077f9171c09512974e8c", "pred": {"labels": ["0", "0", "0", "0", "0", "0", "0", "0", "0", "0", "0", "0", "0", "0",
"0", "0", "0", "0", "0"]}}', '{"text": "央视名嘴韩乔生在赛前为中国男篮加油，期待球队展现英雄本色，输球后的韩乔生也相当无奈，他用3个“没
有”来点评中国男篮，没有投手、没有经验、没有体力，实在太扎心。", "id": "6e62429b5f2e65c9f6a0052d6d1fa20d", "pred": {"labels":
["0", "0", "0", "0", "0", "0", "0", "0", "0", "0", "0", "0", "0", "0", "0", "0", "0", "0", "0", "0", "0", "0", "0",
"0", "0", "0", "0", "0", "B-竞赛行为-胜负", "I-竞赛行为-胜负", "0", "0", "0", "0", "0", "0", "0", "0", "0", "0", "0", "0",
"0", "0", "0", "0", "0", "0", "0", "0", "0", "0", "0", "0", "0", "0", "0", "0", "0", "0", "0", "0", "0", "0", "0", "0",
```


论元角色识别模型预测部分输出如下：


```
============start predict==========
Loaded parameters from ./data/data80850/role/final.pdparams
[{'labels': ['I-上映影视', 'I-上映影视', 'I-上映影视', 'I-上映影视', 'I-上映影视', 'I-上映影视', 'I-上映影视', 'I-上映影视', 'I-上
映影视', 'I-上映影视', 'I-上映影视', 'I-上映影视', 'I-上映影视', '0', '0', '0', '0', '0', '0', '0', '0', '0', '0', '0', '0',
'0', '0', '0', '0', '0', '0', '0', '0', '0', '0', '0', '0', '0', '0', '0', '0', '0', '0', '0', '0']}, {'labels': ['I-约
谈发起方', '0', '0', 'B-出售方', 'I-约谈对象', 'I-约谈对象', 'I-约谈对象', 'I-约谈对象', 'I-交易物', 'I-交易物', 'I-交易物', 'I-交
易物', '0', '0', '0', '0', '0', '0', '0', '0', '0', '0', '0', '0']}, {'labels': ['I-时间', 'I-时间', 'I-时间', 'I-时间',
'0', 'B-活动名称', 'I-活动名称', 'I-活动名称', 'I-活动名称', 'I-活动名称', 'I-活动名称', 'I-活动名称', 'I-活动名称', 'I-活动名称',
'I-活动名称', 'I-活动名称', 'I-活动名称', 'I-活动名称', 'I-活动名称', 'I-活动名称', 'I-活动名称', 'I-活动名称', 'I-活动名称', 'I-活
动名称', 'I-活动名称', 'I-活动名称', 'I-活动名称', '0', 'B-地点', 'I-活动名称', 'I-地点', 'I-地点', 'I-地点', 'I-地点', 'I-地点',
'I-活动名称', 'I-活动名称', 'I-活动名称', 'I-活动名称', 'I-活动名称', 'I-活动名称', 'I-活动名称', 'I-活动名称', '0', '0', '0']},
{'labels': ['0', '0', '0', '0', '0', '0', '0', '0', '0', '0', '0', '0', '0', '0', '0', '0', '0', '0', '0', '0', '0',
'0', '0', '0', '0', '0', '0', '0', '0', '0', '0', '0']}, {'labels': ['0', '0', '0', '0', '0', '0', '0', '0', '0', '0',
'0', '0', '0', 'I-分手双方', 'I-分手双方', 'I-分手双方', 'I-分手双方', '0', '0', '0', '0', '0', '0', '0', '0', '0', '0', '0',
'0', '0', '0', '0', '0', '0', '0', '0', '0', '0', '0', '0', '0', '0', '0', '0', '0', '0', '0', '0']}, {'labels':
['0', '0', '0', '0', '0', '0', '0', '0', '0', '0', '0', '0', '0', '0', '0', '0', '0', '0', '0']}, {'labels': ['0', '0',
'0', '0', '0', '0', '0', '0', '0', '0', '0', '0', '0', '0', '0', '0', '0', '0', '0', '0', '0', '0', '0', '0',
'0', '0', '0', '0', '0', '0', '0', '0', '0', '0', '0', '0', '0', '0', '0', '0', '0', '0', '0', '0', '0', '0', '0', '0',
'0', '0', '0', '0', '0', '0', '0', '0', '0', '0', '0', '0', '0', '0', '0', '0', '0', '0', '0', '0', '0', '0', '0', '0',
'0', '0', '0']}, {'labels': ['I-时间', 'I-时间', 'I-时间', 'I-时间', '0', 'B-活动名称', 'I-活动名称', 'I-活动名称', 'I-活动名
称', 'I-活动名称', 'I-活动名称', 'I-活动名称', 'I-活动名称', 'I-活动名称', 'I-活动名称', 'I-活动名称', '0', 'B-地点', 'I-地点', 'I
-地点', 'I-地点', 'I-地点', '0', '0']}, {'labels': ['0', '0', '0', '0', '0', '0', '0', '0', '0', 'B-涨价物', '0', '0',
'0', '0', '0', '0', '0', '0', '0', '0', '0', '0', '0', '0', '0', '0', '0', '0', '0', '0', '0', '0', '0', '0', '0', '0',
'0', '0', '0', '0', '0', '0']}, {'labels': ['0', '0', '0', '0', '0', '0', '0', '0', '0', '0', '0', '0', '0', '0', '0',
'0', '0', '0', '0', '0', '0', '0']}]
```

```
['{"text": "振华三部曲的《暗恋橘生淮南》终于定档了，洛枳爱盛淮南谁也不知道，洛枳爱盛淮南其实全世界都知道。", "id": "a7c74f75eb898637709
6b4dc62db217d", "pred": {"labels": ["I-上映影视", "I-上映影视", "I-上映影视", "I-上映影视", "I-上映影视", "I-上映影视", "I-上映
影视", "I-上映影视", "I-上映影视", "I-上映影视", "I-上映影视", "I-上映影视", "I-上映影视", "0", "0", "0", "0", "0", "0", "0",
"0", "0", "0", "0", "0", "0", "0", "0", "0", "0", "0", "0", "0", "0", "0", "0", "0", "0", "0", "0", "0", "0", "0",
"0"]}}', '{"text": "腾讯收购《全境封锁》瑞典工作室 欲开发另类游戏大IP", "id": "1bf5de39669122e4458ed6db2cddc0c4", "pred": {"lab
els": ["I-约谈发起方", "0", "0", "B-出售方", "I-约谈对象", "I-约谈对象", "I-约谈对象", "I-约谈对象", "I-交易物", "I-交易物", "I-交
易物", "I-交易物", "0", "0", "0", "0", "0", "0", "0", "0", "0", "0", "0", "0"]}}', '{"text": "6月22日，山外杯第四届全国体育院
校篮球联赛（SCBA）在日照市山东外国语职业技术大学拉开战幕。", "id": "b98df49b32e4e9924c23bb0cd0c1e83d", "pred": {"labels": ["I-时
间", "I-时间", "I-时间", "I-时间", "0", "B-活动名称", "I-活动名称", "I-活动名称", "I-活动名称", "I-活动名称", "I-活动名称", "I-活
动名称", "I-活动名称", "I-活动名称", "I-活动名称", "I-活动名称", "I-活动名称", "I-活动名称", "I-活动名称", "I-活动名称", "I-活动名
```

称", "I-活动名称", "I-活动名称", "I-活动名称", "I-活动名称", "I-活动名称", "I-活动名称", "O", "B-地点", "I-活动名称", "I-地点", "I-地点", "I-地点", "I-地点", "I-地点", "I-活动名称", "I-活动名称", "I-活动名称", "I-活动名称", "I-活动名称", "I-活动名称", "I-活动名称", "I-活动名称", "O", "O", "O"]}}', '{"text": "e公司讯，工信部装备工业司发布2019年智能网联汽车标准化工作要点。", "id": "b73704c1d86084ef14d942168b310b1c", "pred": {"labels": ["O", "O", "O", "O", "O", "O", "O", "O", "O", "O", "O", "O", "O", "O", "O", "O", "O", "O", "O", "O", "O", "O", "O", "O", "O", "O", "O", "O", "O", "O", "O", "O"]}}', '{"text": "新京报讯 5月7日,中国台湾歌手陈绮贞在社交网络上宣布,已于两年前与交往18年的男友、音乐人钟成虎分手。", "id": "9f7f677595a7f19ca16304a3d85ae94f", "pred": {"labels": ["O", "O", "O", "O", "O", "O", "O", "O", "O", "O", "O", "O", "O", "I-分手双方", "I-分手双方", "I-分手双方", "I-分手双方", "O", "O", "O", "O", "O", "O", "O", "O", "O", "O", "O", "O", "O", "O", "O", "O", "O", "O", "O", "O", "O", "O", "O", "O", "O", "O", "O", "O", "O", "O", "O"]}}', '{"text": "国际金价短期回调 后市银价有望出现较大涨幅", "id": "4d1f964593cd077f9171c09512974e8c", "pred": {"labels": ["O", "O", "O", "O", "O", "O", "O", "O", "O", "O", "O", "O", "O", "O", "O", "O", "O", "O", "O"]}}', '{"text": "央视名嘴韩乔生在赛前为中国男篮加油，期待球队展现英雄本色，输球后的韩乔生也相当无奈，他用3个“没有”来点评中国男篮，没有投手、没有经验、没有体力，实在太扎心。", "id": "6e62429b5f2e65c9f6a0052d6d1fa20d", "pred": {"labels": ["O", "O", "O", "O", "O", "O", "O", "O", "O", "O", "O", "O", "O", "O", "O", "O", "O", "O", "O", "O", "O", "O", "O", "O", "O", "O", "O", "O", "O", "O", "O", "O", "O", "O", "O", "O", "O", "O", "O", "O", "O", "O", "O", "O", "O", "O", "O",

本实践将事件抽取分为两个子任务分别执行，使用的是联合抽取模型，还有一种流水线结构模型，即先进行触发词抽取（事件识别），然后进行元素抽取（论元角色识别），这种方法建模虽简单，但是存在误差累积，因此联合抽取模型更加常用。

实践十五：基于 BiLSTM 的关系抽取

关系抽取是信息抽取的重要子任务，其主要目的是将非结构化或半结构化描述的自然语言文本转化成结构化数据，关系抽取主要负责对文本中抽取出的实体对进行关系分类，即抽取实体间的语义关系。

关系抽取涉及三元组，即（实体 1，实体 2，关系），其中实体 1 又称为头实体，实体 2 又称为尾实体，在建模关系分类时，一般会分别获得实体对所处上下文的特征，然后与实体对的特征进行融合，获得整体的样本特征，然后进行分类。

本实践使用 BiLSTM 实现关系抽取，代码运行的环境配置如下：Python 版本为 3.7，PaddlePaddle 版本为 2.0.0，操作平台为 AI Studio。

步骤 1：SemEval2020 数据处理

本实践在开源关系抽取数据集 SemEval2020 上进行实验，数据链接为：https://aistudio.baidu.com/aistudio/datasetdetail/78726，该数据分为训练集、测试集与验证集三部分，其中训练集包含 6500 余条数据，验证集包含 1400 余条数据，测试集包含 2700 余条数据，数据保存格式如下：

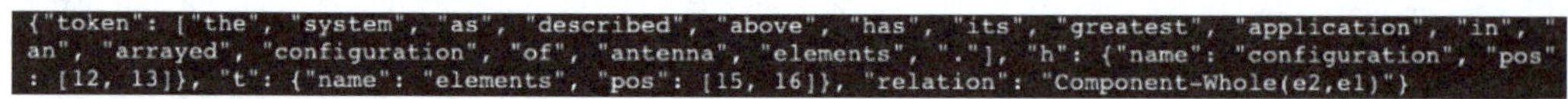
{"token": ["the", "system", "as", "described", "above", "has", "its", "greatest", "application", "in", "an", "arrayed", "configuration", "of", "antenna", "elements", "."], "h": {"name": "configuration", "pos": [12, 13]}, "t": {"name": "elements", "pos": [15, 16]}, "relation": "Component-Whole(e2,e1)"}

其中，token 字段为文本单词列表，h 字段为头实体相关信息，包含实体名与实体位置信息，t 字段为尾实体相关信息，也包含实体名与实体位置信息，relation 字段为头实体与尾实体在当前上下文中对应的关系类型，该数据集一共包含 19 种关系类型。

（1）在数据处理过程中，首先将数据集读取至内存中，并且将关系类型进行数字映射：

```
train_data = open('data/data78726/semeval_train.txt').readlines()
val_data = open('data/data78726/semeval_val.txt').readlines()
test_data = open('data/data78726/semeval_test.txt').readlines()
train_data = [json.loads(line.strip()) for line in train_data]
```

```
val_data = [json.loads(line.strip()) for line in val_data]
test_data = [json.loads(line.strip()) for line in test_data]
print(train_data[0])
print('train_data:',len(train_data))
print('val_data:',len(val_data))
print('test_data:',len(test_data))
rel2id = json.loads(open('data/data78726/semeval_rel2id.json').read())
id2rel = {v:k for k,v in rel2id.items()}
num_classes = len(list(rel2id))
```

```
{'token': ['the', 'original', 'play', 'was', 'filled', 'with', 'very', 'topical', 'humor', ',', 'so', 'the', 'directo
r', 'felt', 'free', 'to', 'add', 'current', 'topical', 'humor', 'to', 'the', 'script', '.'], 'h': {'name': 'play', 'po
s': [2, 3]}, 't': {'name': 'humor', 'pos': [8, 9]}, 'relation': 'Component-Whole(e2,e1)'}
train_data: 6507
val_data: 1493
test_data: 2717
```

(2) 在训练集与验证集上构建字典，同时添加填充字符与未登录词字符，然后定义函数将文本单词转化为单词索引，便于训练模型时的分布式词表示：

```
vocab = {}
vocab['<pad>'],vocab['<unk>'] = 0,1
idx = 2
for line in train_data + val_data:
    for w in line['token']:
        if w not in vocab:
            vocab[w] = idx
            idx += 1
chars = 'abcdefghijklmnopqrstuvwxyz'
for char in chars:
    if char not in vocab:
        vocab[char] = idx
        idx += 1
vocab_size = len(list(vocab))
maxlen = 30
def txt_to_list(datas):                    # 解析原始文件
    sents,e1,e2,y = [],[],[],[]
    for line in datas:
        sents.append(line['token'])
        e1.append(line['h']['name'])
        e2.append(line['t']['name'])
        y.append(line['relation'])
    return sents,e1,e2,y

dic = {}
def word2id(datas, maxlen = 5):            # 将句子转化为 id 序列 s
    res = []
    if maxlen < 10:                        # 是实体,需要将实体拆分为字符序列
        maxlen = 10
        datas = [list(data) for data in datas]
    for data in datas:
        if len(data) not in dic:
```

```
                dic[len(data)] = 1
            else:
                dic[len(data)] += 1
            line = [vocab[c] if c in vocab else 1 for c in data][:maxlen]
            line = line + [0] * (maxlen - len(line))          # 固定长度
            res.append(np.array(line))
    return res
```

(3) 调用上述函数,将数据集转化为(句子,实体 1,实体 2,关系)格式:

```
train_sents,train_e1,train_e2,train_y = txt_to_list(train_data)
val_sents,val_e1,val_e2,val_y = txt_to_list(val_data)
test_sents,test_e1,test_e2,test_y = txt_to_list(test_data)
train_idx = Stack()(word2id(train_sents,maxlen))
val_idx = Stack()(word2id(val_sents,maxlen))
test_idx = Stack()(word2id(test_sents,maxlen))
train_e1_idx = Stack()(word2id(train_e1,2))
val_e1_idx = Stack()(word2id(val_e1,2))
test_e1_idx = Stack()(word2id(test_e1,2))
train_e2_idx = Stack()(word2id(train_e2,2))
val_e2_idx = Stack()(word2id(val_e2,2))
test_e2_idx = Stack()(word2id(test_e2,2))
train_yid = [rel2id[c] for c in train_y]
val_yid = [rel2id[c] for c in val_y]
test_yid = [rel2id[c] for c in test_y]
```

(4) 自定义数据集类型 MyDataset,将数据集封装,并且使用 DataLoader 类实现批量数据加载:

```
class MyDataset(paddle.io.Dataset):
    def __init__(self, data):
        super(MyDataset, self).__init__()
        self.data = data
    def __getitem__(self, index):
        data = self.data[index][0]   # ([train_sents,train_e1,train_e2],y)
        e1 = self.data[index][1]
        e2 = self.data[index][2]
        label = self.data[index][3]
        return data,e1,e2,label
    def __len__(self):
        return len(self.data)
    def get_labels(self):
        return [str(c) for c in range(19)]
batch_size = 64
use_gpu = True
train = MyDataset([[x,e1,e2,y] for x,e1,e2,y in zip(train_idx,train_e1_idx,train_e2_idx,
train_yid)])
val = MyDataset([[x,e1,e2,y] for x,e1,e2,y in zip(val_idx,val_e1_idx,val_e2_idx,val_yid)])
test = MyDataset([(x,e1,e2,y) for x,e1,e2,y in zip(test_idx,test_e1_idx,test_e2_idx,test_yid)])
train_loader = paddle.io.DataLoader(train, batch_size=batch_size, shuffle=True)
```

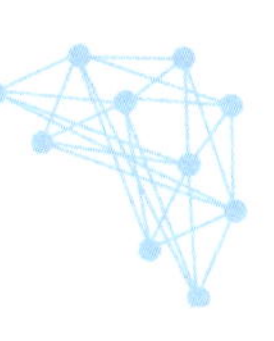


```
val_loader = paddle.io.DataLoader(val, batch_size=batch_size, shuffle=False)
test_loader = paddle.io.DataLoader(test, batch_size=batch_size, shuffle=False)
```

步骤 2：搭建 BiLSTM 模型

对于关系抽取，需要充分利用实体对于上下文的信息，因此，本段时间使用双向的 LSTM 首先对实体对所处上下文进行编码，然后对头实体与尾实体分别使用单向的 LSTM 进行编码（实体使用基于字符的表示），最后用于关系分类的特征为下面四个特征的拼接形式：上下文正向 LSTM 的最后隐状态表示、上下文反向 LSTM 的第一个隐状态表示、头实体表示、尾实体表示。模型代码如下：

```
class Model(nn.Layer):
    def __init__(self,vocab_size, embedding_size, hidden_size, dropout_rate, fc_hidden_size,
num_layers=2):
        super(Model, self).__init__()
        self.hidden_size = hidden_size
        self.emb = paddle.nn.Embedding(vocab_size, embedding_size)
        self.lstm = nn.LSTM(embedding_size, hidden_size,
                  num_layers=num_layers, direction='bidirectional')
        self.lstm_e1 = nn.LSTM(embedding_size, hidden_size,
                        num_layers=1)
        self.lstm_e2 = nn.LSTM(embedding_size, hidden_size,
                        num_layers=1)
        self.fc = nn.Linear(hidden_size*4, fc_hidden_size)
        self.output_layer = nn.Linear(fc_hidden_size, num_classes)
    def forward(self, text,e1,e2, y=None):
        emb_text = self.emb(text)
        emb_e1 = self.emb(e1)
        emb_e2 = self.emb(e2)
        r1,(_,_) = self.lstm(emb_text)
        r2,(_,_) = self.lstm_e1(emb_e1)
        r3,(_,_) = self.lstm_e2(emb_e2)
        f = paddle.concat([r1[:,-1,:self.hidden_size], r1[:,0,self.hidden_size:], r2[:,-1,:],
r3[:,-1,:]],axis=-1)
        fc_out = paddle.tanh(self.fc(f))
        logits = self.output_layer(fc_out)
        return logits
```

步骤 3：模型训练

（1）在训练模型前，首先定义训练使用的超参数以及实例化模型类型使用的参数，最后实例化模型类：

```
epoches = 10
embedding_size=128
hidden_size=256
dropout_rate=0.1
fc_hidden_size=128
```

```
num_layers = 3
model = Model(vocab_size, embedding_size, hidden_size, dropout_rate, fc_hidden_size, num_
layers)
```

(2) 本实践使用 Adam 优化器进行参数梯度更新，初始化参数为 5e-4：

```
optimizer = paddle.optimizer.Adam(
            parameters = model.parameters(), learning_rate = 5e - 4)
```

(3) 本实践使用交叉熵损失函数进行梯度计算：

```
loss_func = paddle.nn.CrossEntropyLoss()
```

(4) 训练模型，每隔一定批次后，打印模型的损失函数值及准确率，并记录，在训练结束后保存模型参数：

```
steps = 0
total_loss = []
total_acc = []
Iters = []
for i in range(epoches):
    for data in train_loader:
        x,e1,e2,y = data
        steps += 1
        logits = model(x,e1,e2)
        pred = paddle.argmax(logits,axis = - 1)
        acc = sum(pred.numpy() == y.numpy())/len(y)
        loss = loss_func(logits,y)
        loss.backward()
        optimizer.step()
        optimizer.clear_grad()
        if steps % 30 == 0:
            Iters.append(steps)
            total_loss.append(loss.numpy()[0])
            total_acc.append(acc)
            print('epo: {}, step: {}, loss is: {}, acc is: {}'\
                  .format(i, steps, loss.numpy(), acc))
paddle.save(model.state_dict(),'model_{}.pdparams'.format(i))
```

训练过程中部分输出如下：

```
epo: 0, step: 30, loss is: [2.6020365], acc is: 0.21875
epo: 0, step: 60, loss is: [2.7025185], acc is: 0.109375
epo: 0, step: 90, loss is: [2.665485], acc is: 0.171875
epo: 1, step: 120, loss is: [2.3253517], acc is: 0.28125
epo: 1, step: 150, loss is: [2.135975], acc is: 0.296875
epo: 1, step: 180, loss is: [2.1125617], acc is: 0.375
epo: 2, step: 210, loss is: [1.7306135], acc is: 0.40625
epo: 2, step: 240, loss is: [1.4433987], acc is: 0.484375
epo: 2, step: 270, loss is: [1.5506142], acc is: 0.515625
epo: 2, step: 300, loss is: [1.6581495], acc is: 0.53125
epo: 3, step: 330, loss is: [0.95176846], acc is: 0.625
epo: 3, step: 360, loss is: [0.5644201], acc is: 0.84375
```

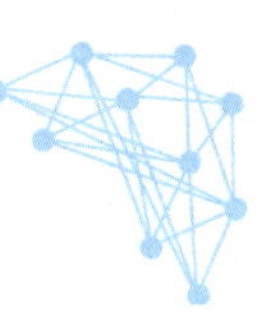

```
epo: 3, step: 390, loss is: [1.1006504], acc is: 0.671875
epo: 4, step: 420, loss is: [0.5102728], acc is: 0.890625
epo: 4, step: 450, loss is: [0.5354006], acc is: 0.84375
epo: 4, step: 480, loss is: [0.61477774], acc is: 0.859375
epo: 4, step: 510, loss is: [0.5633418], acc is: 0.7441860465116279
epo: 5, step: 540, loss is: [0.12551625], acc is: 0.984375
```

(5) 绘制损失函数值、准确率随训练批次的变化趋势：

```
# 绘制损失函数值、准确率随训练批次的变化趋势
def draw_process(title,color,iters,data,label):
    plt.title(title, fontsize = 24)
    plt.xlabel("iter", fontsize = 20)
    plt.ylabel(label, fontsize = 20)
    plt.plot(iters, data,color = color,label = label)
    plt.legend()
    plt.grid()
    plt.show()
draw_process("trainning loss","red",Iters,total_loss,"trainning loss")
draw_process("trainning acc","green",Iters,total_acc,"trainning acc")
```

绘制曲线如下：

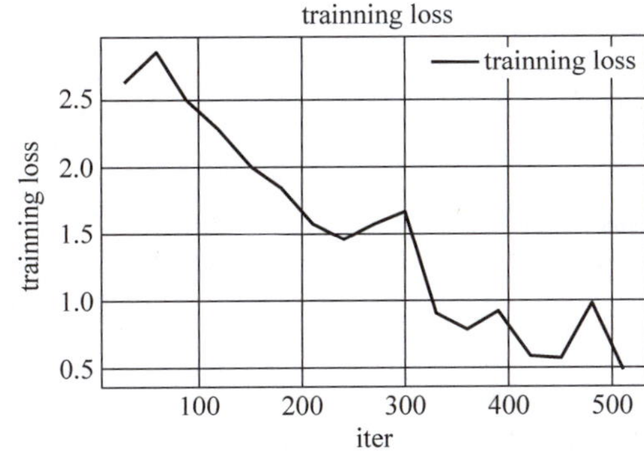

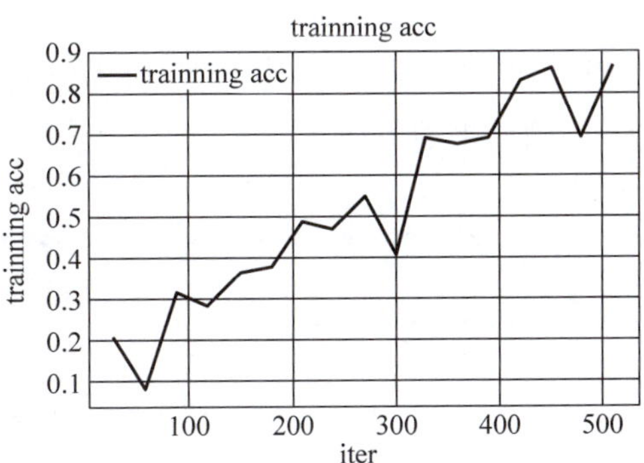

步骤 4：模型评估

通过观察训练过程中误差和准确率随着迭代次数的变化趋势，可对网络性能进行评估，首先调用 model.eval()开启模型验证模式，然后将 val_loader 中的数据批量输入模型中，得到最终的预测结果：

```
model.eval()
preds = []
y = []
for data in val_loader:
    x,e1,e2,y_ = data
    steps += 1
    logits = model(x,e1,e2)
    pred = paddle.argmax(logits,axis = -1)
    y += list(y_.numpy())
```

```
    preds += list(pred.numpy())
cc = [1 if a == b else 0 for a,b in zip(preds,y)]
acc = sum(cc)/len(y)
```

步骤 5：关系抽取预测

在使用训练好的模型时，也需要开启模型的验证模式，然后将测试文本准备为合法的格式后输入模型中，解析返回结果，并打印：

```
model.eval()
x = paddle.to_tensor(test_idx)
e1 = paddle.to_tensor(test_e1_idx)
e2 = paddle.to_tensor(test_e2_idx)
y = paddle.to_tensor(test_yid)
logits = model(x,e1,e2)
pred = paddle.argmax(logits,axis = -1)
for i in range(4):
    print('-' * 30)
    print('上下文: ',' '.join(test_sents[i]))
    print('实体 1: ',test_e1[i])
    print('实体 2: ',test_e2[i])
    print('真实标签: ',test_y[i].split('(')[0])
print('预测标签: ',id2rel[pred[i].numpy()[0]].split('(')[0])
```

预测结果输出如下：

```
------------------------------
上下文:   the most common audits were about waste and recycling.
实体1:    audits
实体2:    waste
真实标签:  Message-Topic
预测标签:  Message-Topic
------------------------------
上下文:   this thesis defines the clinical characteristics of amyloid disease.
实体1:    thesis
实体2:    clinical characteristics
真实标签:  Message-Topic
预测标签:  Message-Topic
------------------------------
上下文:   this outline focuses on spirituality, esotericism, mysticism, religion and/or parapsychology.
实体1:    outline
实体2:    spirituality
真实标签:  Message-Topic
预测标签:  Message-Topic
------------------------------
上下文:   many of his literary pieces narrate and mention stories that took place in lipa.
实体1:    pieces
实体2:    stories
真实标签:  Message-Topic
预测标签:  Message-Topic
```

本实践对简单的数据集使用经典的深度学习方法进行建模，但是在处理复杂的数据集，如远程监督产生的带有噪声的数据集时，简单的关系抽取方法不能满足需求，需要开发更加鲁棒的噪声抑制的算法或者使用更强大的样本编码器进行编码，以达到更好的效果。

第5章 机器翻译

机器翻译(Machine Translation),又称为自动翻译,是指利用计算机将一种自然语言(源语言)转换为另一种自然语言(目标语言)的过程。它是计算语言学的一个分支,是人工智能的终极目标之一,具有重要的科学研究价值。同时,随着经济全球化以及互联网的飞速发展,机器翻译在促进政治、经济、文化交流等方面的作用也日益凸显。

机器翻译技术的发展一直与计算机技术、信息论、语言学等学科的发展紧密相关。从早期的词典匹配,到词典结合语言学专家知识的规则翻译,再到基于语料库的统计机器翻译,随着计算机计算能力的提升和多语言信息的爆炸式增长,机器翻译技术正在逐渐走出象牙塔,开始为普通用户提供实时便捷的翻译服务。

本章我们将会学习使用飞桨提供的 API 来完成不同的机器翻译任务。

实践十六:基于序列到序列模型的中-英机器翻译

机器翻译是典型的 seq2seq 预测问题,即序列到序列的预测问题:将输入序列映射为另外一个输出序列。由于同时存在多个输入和输出时间步,这种形式的问题也被称为是 many-to-many 序列预测问题。

对 seq2seq 预测问题进行建模的一个难点是输入和输出序列的长度均有可能发生变化,一种被证明能够有效解决 seq2seq 预测问题的方法被称为 Encoder-Decoder。该体系结构包括两部分:Encoder 用于读取输入序列并将其编码成一个固定长度的向量,Decoder 用于解码该固定长度的向量并输出预测序列。

如图 5.1 所示,编码阶段的 RNN 网络接收输入序列“A B C <EOS> (EOS = End of Sentence,句末标记)”,并输出一个向量作为输入序列的语义表示向量;之后解码阶段的 RNN 网络在每一个时间步进行单个字符的解码,最终模型输出“W X Y Z <EOS>”,这样就实现了句子的翻译过程。

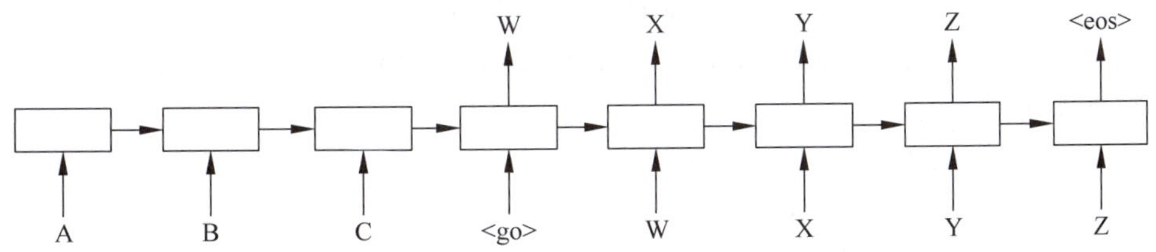

图 5.1 Encoder-Decoder

在学习了Encoder-Decoder的结构之后，我们就可以使用飞桨深度学习开源框架完成基于序列到序列模型的中-英机器翻译。

步骤1：中英文数据准备

本次实践将使用http://www.manythings.org/anki/提供的24 697个中-英双语句子对作为数据集。

```
# 下载数据集并解压，得到包含双语句子对的文本文件 cmn.txt
!wget -c https://www.manythings.org/anki/cmn-eng.zip && unzip cmn-eng.zip
```

我们将得到的双语句子对进行如下处理，并将其读取到Python的数据结构中：①对于英文，将所有字母转换为小写并只保留英文单词；②对于中文，未做分词，只按照字做了切分；③为了提高后续模型的训练速度，我们通过限制句子长度和只保留以部分英文单词作为开头的句子的方式，得到了一个包含5746个句子对的较小的数据集。

```
# 只保留长度不超过 10 个单词或汉字的句子
MAX_LEN = 10
lines = open('cmn.txt', encoding='utf-8').read().strip().split('\n')
# 对于英文，只保留英文单词、数字和下画线
words_re = re.compile(r'\w+')
pairs = []
for l in lines:
    en_sent, cn_sent, _ = l.split('\t')
    pairs.append((words_re.findall(en_sent.lower()), list(cn_sent)))
# 为了加速训练，构造一个较小的数据集
filtered_pairs = []
for x in pairs:
    if len(x[0]) < MAX_LEN and len(x[1]) < MAX_LEN and \
    x[0][0] in ('i', 'you', 'he', 'she', 'we', 'they'):
        filtered_pairs.append(x)
print(len(filtered_pairs))
for x in filtered_pairs[:3]: print(x)
```

```
5746
(['i', 'won'], ['我', '赢', '了', '。'])
(['he', 'ran'], ['他', '跑', '了', '。'])
(['i', 'quit'], ['我', '退', '出', '。'])
```

接下来我们分别创建中英文的词表，这两份词表被用于单词或汉字和词表ID之间的相互转换，词表中还会加入如下三个特殊的词：“< pad >”，用于对较短的句子进行填充；“< bos >”，“begin of sentence”，表示句子开始的特殊词；“< eos >”，“end of sentence”，表示句子结束的特殊词。

```
# 英文词表
en_vocab = {}
# 中文词表
cn_vocab = {}
```

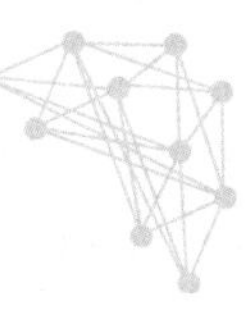

```
# 中英文词表中分别加入三个特殊字符：<pad>,<bos>,<eos>
en_vocab['<pad>'], en_vocab['<bos>'], en_vocab['<eos>'] = 0, 1, 2
cn_vocab['<pad>'], cn_vocab['<bos>'], cn_vocab['<eos>'] = 0, 1, 2

en_idx, cn_idx = 3, 3
for en, cn in filtered_pairs:
    for w in en:
        if w not in en_vocab:
            en_vocab[w] = en_idx
            en_idx += 1
    for w in cn:
        if w not in cn_vocab:
            cn_vocab[w] = cn_idx
            cn_idx += 1
```

根据构造的词表，我们创建一份实际用于训练的用 NumPy 组织的数据集，在该数据集中：①所有句子都通过<pad>的填充变成了长度相同的句子；②对于英文句子(源语言)，为了达到更好的翻译效果，我们将其进行了翻转；③所创建的 padded_cn_label_sents 是训练过程中的预测目标，即当前时间步应该预测输出的单词。

```
padded_en_sents = []
padded_cn_sents = []
padded_cn_label_sents = []
for en, cn in filtered_pairs:
    # 编码器端的输入需要为英文添加结束符，并且填充至固定长度
padded_en_sent = en + ['<eos>'] + ['<pad>'] * (MAX_LEN - len(en))
# 翻转源语言
padded_en_sent.reverse()
# 解码器端的输入需要以开始符号作为第一个输入
padded_cn_sent = ['<bos>'] + cn + ['<eos>'] + ['<pad>'] * (MAX_LEN - len(cn))
# 解码器端的输出无须添加开始符号，自回归解码方式
    padded_cn_label_sent = cn + ['<eos>'] + ['<pad>'] * (MAX_LEN - len(cn) + 1)
    # 将单词或汉字转换成词表 ID
    padded_en_sents.append([en_vocab[w] for w in padded_en_sent])
    padded_cn_sents.append([cn_vocab[w] for w in padded_cn_sent])
    padded_cn_label_sents.append([cn_vocab[w] for w in padded_cn_label_sent])

train_en_sents = np.array(padded_en_sents)
train_cn_sents = np.array(padded_cn_sents)
train_cn_label_sents = np.array(padded_cn_label_sents)

print(train_en_sents.shape)
print(train_cn_sents.shape)
print(train_cn_label_sents.shape)
```

```
(5746, 11)
(5746, 12)
(5746, 12)
```

步骤 2：Encoder-Decoder 模型配置

我们将会创建一个 Encoder-Decoder 架构的模型来完成机器翻译任务。首先设置一些必要的网络结构中将会用到的参数。

```
embedding_size = 128
hidden_size = 256
num_encoder_lstm_layers = 1
en_vocab_size = len(list(en_vocab))
cn_vocab_size = len(list(cn_vocab))
epochs = 20
batch_size = 16
```

（1）Encoder 部分。

在 Encoder 端，我们在得到字符对应的 Embedding 之后连接 LSTM，构建一个对源语言进行编码的网络。除了 LSTM 之外，飞桨的 RNN 系列还提供了 SimpleRNN，GRU 等 API，我们还可以使用反向 RNN，双向 RNN，多层 RNN 等结构。同时，也可以通过设置 dropout 参数对多层 RNN 的中间层进行 dropout 处理，防止过拟合。

除了使用序列到序列的 RNN 操作之外，还可以通过 SimpleRNN，GRUCell，LSTMCell 等 API 更加灵活地创建单步的 RNN 计算，甚至可以通过继承 RNNCellBase 来实现自己的 RNN 计算单元。

```
class Encoder(paddle.nn.Layer):
    def __init__(self):
        super(Encoder, self).__init__()
        self.emb = paddle.nn.Embedding(en_vocab_size, embedding_size,)
        self.lstm = paddle.nn.LSTM(input_size=embedding_size,
                hidden_size=hidden_size,
                num_layers=num_encoder_lstm_layers)

    def forward(self, x):
        x = self.emb(x)
        x, (_, _) = self.lstm(x)
        return x
```

（2）Decoder 部分。

在 Decoder 端，我们同样使用 LSTM 来完成解码，与 Encoder 端不同的是，如下代码每次只计算一个时间步的输出，解码端在不同时间步的循环结构是在训练循环内实现的。

如果读者是第一次接触这样的网络结构，可以通过打印并观察每个 tensor 在不同步骤时的形状来更好地理解下面的代码。

```
# 每次只让 LSTM 向前计算一次
class Decoder(paddle.nn.Layer):
    def __init__(self):
        super(Decoder, self).__init__()
        self.emb = paddle.nn.Embedding(cn_vocab_size, embedding_size)
```

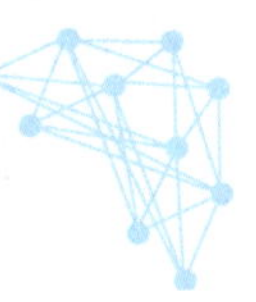

```
        self.lstm = paddle.nn.LSTM(input_size = embedding_size + hidden_size,
                                   hidden_size = hidden_size)

        # 输出词典单词的概率分布
        self.outlinear = paddle.nn.Linear(hidden_size, cn_vocab_size)

    def forward(self, x, previous_hidden, previous_cell, encoder_outputs):
        x = self.emb(x)
        # 得到 encoder 端对输入序列进行编码的 context vector
        context_vector = paddle.sum(encoder_outputs, 1)
        context_vector = paddle.unsqueeze(context_vector, 1)

        # 将单词的 embedding vector 和 context vector 进行拼接,得到 Decoder 端当前时刻的输入 x_t
        lstm_input = paddle.concat((x, context_vector), axis = -1)

        # LSTM 单元的计算还需要上一时刻的输出状态 h_{t-1} 和隐层状态 c_{t-1},这两个 tensor 的
        # 形状: (number_of_layers * direction, batch, hidden)
        previous_hidden = paddle.transpose(previous_hidden, [1, 0, 2])
        previous_cell = paddle.transpose(previous_cell, [1, 0, 2])

        x, (hidden, cell) = self.lstm(lstm_input, (previous_hidden, previous_cell))

        # 将 LSTM 单元输出的 tensor 形状转为: (batch, number_of_layers * direction, hidden)
        hidden = paddle.transpose(hidden, [1, 0, 2])
        cell = paddle.transpose(cell, [1, 0, 2])

        output = self.outlinear(hidden)
        output = paddle.squeeze(output)
        return output, (hidden, cell)
```

步骤 3：模型训练

接下来我们开始进行模型的训练，在训练过程中我们采取了如下策略：①在每个 epoch 开始之前，对训练数据进行随机打乱；②通过多次调用 decoder 实现解码时的循环结构；③teacher forcing 策略：在每次解码单词时，将训练数据中的真实词作为预测当前单词时的输入。相应地，读者也可以尝试使用模型上一个时间步输出的结果作为预测当前单词时的输入。

```
# 实例化编码器、解码器
encoder = Encoder()
decoder = Decoder()
# 定义优化器: 同时优化编码器与解码器的参数
opt = paddle.optimizer.Adam(learning_rate = 0.001, parameters = encoder.parameters() +
decoder.parameters())
# 开始训练
for epoch in range(epochs):
    print("epoch:{}".format(epoch))
    # 随机打乱训练数据
```

```
    perm = np.random.permutation(len(train_en_sents))
    train_en_sents_shuffled = train_en_sents[perm]
    train_cn_sents_shuffled = train_cn_sents[perm]
    train_cn_label_sents_shuffled = train_cn_label_sents[perm]
    # 批量数据迭代
for iteration in range(train_en_sents_shuffled.shape[0] // batch_size):
        x_data = train_en_sents_shuffled[(batch_size * iteration):(batch_size * (iteration + 1))]
        sent = paddle.to_tensor(x_data)
        # Encoder 端得到需要翻译的英文句子的编码表示
        en_repr = encoder(sent)
        # 解码器端原始输入
        x_cn_data = train_cn_sents_shuffled[(batch_size * iteration):(batch_size *
(iteration + 1))]
        # 解码器端输出的标准答案,用于计算损失
        x_cn_label_data = train_cn_label_sents_shuffled[(batch_size * iteration):(batch_
size * (iteration + 1))]
        # Decoder 端在第一步进行解码时需要初始化 h0 和 c0,tensor 形状为:(batch, num_layer *
        #num_of_direction, hidden_size)
        hidden = paddle.zeros([batch_size, 1, hidden_size])
        cell = paddle.zeros([batch_size, 1, hidden_size])
        loss = paddle.zeros([1])
        # Decoder 端的循环解码
        for i in range(MAX_LEN + 2):
            # 获取每步的输入以及输出的标准答案
            cn_word = paddle.to_tensor(x_cn_data[:, i:i + 1])
            cn_word_label = paddle.to_tensor(x_cn_label_data[:, i])
            # 解码器解码
            logits, (hidden, cell) = decoder(cn_word, hidden, cell, en_repr)
            # 计算解码损失:交叉熵损失,解码的词是否正确
            step_loss = F.cross_entropy(logits, cn_word_label)
            loss += step_loss
        # 计算平均损失
        loss = loss / (MAX_LEN + 2)
        if(iteration % 200 == 0):
            print("iter {}, loss:{}".format(iteration, loss.numpy()))
        # 反向传播,梯度更新
        loss.backward()
        opt.step()
        opt.clear_grad()
```

模型在训练过程中的部分输出如下,我们可以看出在经过几个轮次的训练之后,loss 不断下降并最终趋于稳定。

```
epoch:15
iter 0, loss:[0.657116]
iter 200, loss:[0.71158755]
epoch:16
iter 0, loss:[0.60776967]
iter 200, loss:[0.47258767]
```

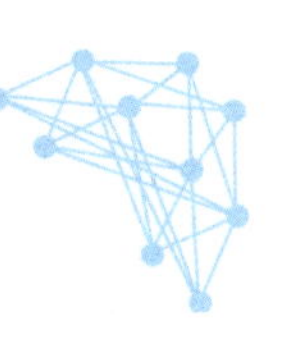

```
epoch:17
iter 0, loss:[0.47723645]
iter 200, loss:[0.53901356]
epoch:18
iter 0, loss:[0.44978726]
iter 200, loss:[0.36394048]
epoch:19
iter 0, loss:[0.4093375]
iter 200, loss:[0.41582176]
```

步骤 4：机器翻译模型预测

模型训练完成后，我们就得到了一个能够将英文翻译成中文的机器翻译模型。在预测过程中，我们需要通过 greedy search 来实现使用该模型完成机器翻译。

```
encoder.eval()
decoder.eval()
# 从训练集中随机抽取 10 个样本
num_of_examples_to_evaluate = 10

indices = np.random.choice(len(train_en_sents), num_of_examples_to_evaluate, replace =
False)
x_data = train_en_sents[indices]
sent = paddle.to_tensor(x_data)
# 编码器提取特征
en_repr = encoder(sent)

word = np.array(
    [[cn_vocab['<bos>']]] * num_of_examples_to_evaluate
)
word = paddle.to_tensor(word)

hidden = paddle.zeros([num_of_examples_to_evaluate, 1, hidden_size])
cell = paddle.zeros([num_of_examples_to_evaluate, 1, hidden_size])

# 逐步解码
decoded_sent = []
for i in range(MAX_LEN + 2):
    logits, (hidden, cell) = decoder(word, hidden, cell, en_repr)
    word = paddle.argmax(logits, axis = 1)
    decoded_sent.append(word.numpy())
    word = paddle.unsqueeze(word, axis = -1)

results = np.stack(decoded_sent, axis = 1)
for i in range(num_of_examples_to_evaluate):
    en_input = " ".join(filtered_pairs[indices[i]][0])
    ground_truth_translate = "".join(filtered_pairs[indices[i]][1])
    model_translate = ""
    for k in results[i]:
```

```
            w = list(cn_vocab)[k]
            if w != '<pad>' and w != '<eos>':
                model_translate += w
        print(en_input)
        print("true: {}".format(ground_truth_translate))
    print("pred: {}".format(model_translate))
```

我们将目标语言的真实值和模型预测输出的结果进行对比，以验证机器翻译的效果。

```
she studies english every day
true: 她每天学习英语。
pred: 她每天学习英语。
i plan to go there
true: 我打算去那里。
pred: 我打算去那里。
i am interested in sports
true: 我对运动感兴趣。
pred: 我对运动感兴趣。
they obeyed orders
true: 他们服从了命令。
pred: 他们听笑了命令。
he is tall
true: 他高。
pred: 他高。
we won the battle
true: 我们战争胜利了。
pred: 我们战争胜利了。
```

实践十七：基于注意力机制的中-英机器翻译

在实践十六中我们学习了能够解决 seq2seq 预测问题的 Encoder-Decoder 结构，知道了 Encoder 将所有的输入序列都编码成一个统一的语义向量 Context vector，然后再由 Decoder 进行解码。这种结构实际上存在一个很明显的问题：我们很难寄希望于将输入的序列转化为固定的向量而保存所有的有效信息，尤其是随着所需翻译句子的长度的增加，这种结构的效果会显著下降。除此之外，解码器只用到了编码器的最后一个隐藏层状态，信息利用率低下。因此，如果想要改进 Encoder-Decoder 结构，最好的切入角度就是利用 Encoder 端的所有隐藏层状态 h_t 来解决 Context 的长度限制问题，这就是 Attention 机制。

我们人类在翻译文章时，会将注意力关注于我们当前正在翻译的部分。Attention 机制与此十分类似，假设我们需要翻译“Machine Learning”-“机器学习”这个句子对，当我们在翻译“机器”时，只需要将注意力放在源语言中“Machine”的部分；同样的，在翻译“学习”时，也只用关注原句中的“Learning”。这样，当我们在 Decoder 端进行预测时就可以利用 Encoder 端的所有信息，而不是局限于原来模型中定长的隐藏向量 Context，减少了长程信息的丢失。

以上是对于 Attention 机制的直观理解，接下来我们详细介绍 Attention 机制的内部运算，如图 5.2 所示。

首先我们基于 RNN 网络得到 Encoder 端的 hidden state：$(h_1, h_2, \cdots, h_T)$。假设当前 Decoder 端的 hidden state 是 s_{t-1}，我们可以计算 Encoder 端每一个输入位置 j 与当前输出位置的相关性，记为 $e_{tj}=a(s_{t-1}, h_j)$，写成对应的向量形式即为 $\boldsymbol{e}_t=(a(s_{t-1},h_1),a(s_{t-1},h_2),\cdots,a(s_{t-1},h_T))$，其中 $a(\cdot)$表示相关性运算，常见的有点乘：$\boldsymbol{e}_t=\boldsymbol{s}_{t-1}^{\mathrm{T}}\boldsymbol{h}$，加权点乘：$\boldsymbol{e}_t=\boldsymbol{s}_{t-1}^{\mathrm{T}}\boldsymbol{W}\boldsymbol{h}$，加和：$\boldsymbol{e}_t=\boldsymbol{v}^{\mathrm{T}}\tanh(W_1\boldsymbol{h}+W_2\boldsymbol{s}_{t-1})$等形式。然后对 $\boldsymbol{e}_t$ 进行 softmax 操作将其归一化得到 attention 的概率分布：$\boldsymbol{a}_t=\mathrm{softmax}(\boldsymbol{e}_t)$，其展开形式为 $a_{tj}=\dfrac{\exp(e_{tj})}{\sum_{k=1}^{T}\exp(e_{tk})}$。利用 $\boldsymbol{a}_t$ 对 Encoder 端的隐层状态进行加权求和即得到相应的 Context vector：$\boldsymbol{c}_t=\sum_{j=1}^{T}a_{tj}h_j$。由此，我们可以计算 Decoder 端的下一时刻的 hidden state：$s_t=f(s_{t-1},y_{t-1},c_t)$以及该位置的输出 $p(y_t \mid y_1,\cdots,y_{t-1},\boldsymbol{x})=g(y_{t-1},s_t,c_t)$。

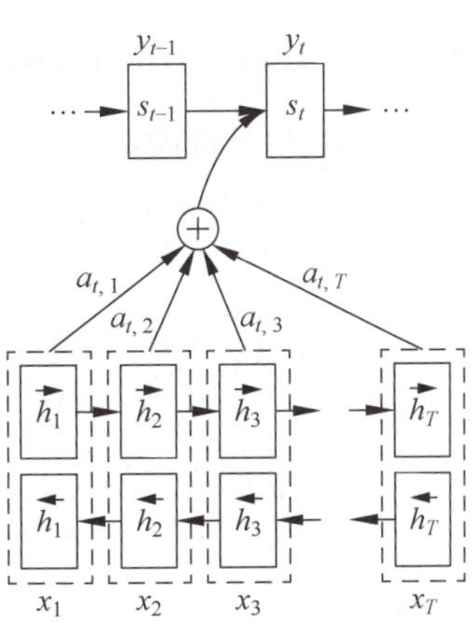

图 5.2　Attention 机制

这里的关键操作是计算 Encoder 端各个隐藏层状态和 Decoder 端当前隐藏层状态的关联性的权重，得到 Attention 分布，从而得到对于当前输出位置比较重要的输入位置的权重，在预测输出时该输入位置的单词表示对应的比重会较大。

通过 Attention 机制的引入，我们打破了只能利用 Encoder 端最终单一向量结果的限制，从而使模型可以将注意力集中在所有对于下一个目标单词重要的输入信息上，使模型效果得到极大的改善。还有一个优点是，我们通过观察 attention 权重矩阵的变化，可以知道机器翻译的结果和源文字之间的对应关系，有助于更好地理解模型工作机制，如图 5.3 所示。

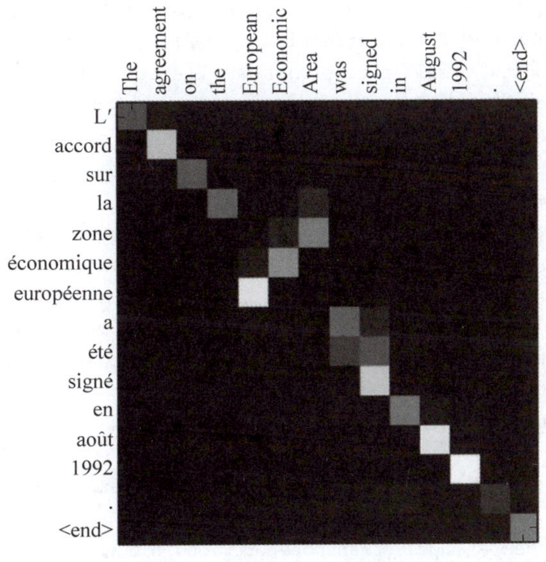

图 5.3　Attention 可视化

步骤 1：Encoder-AttentionDecoder 模型配置

带有注意力机制的 Encoder-Decoder 结构与原始结构相比仅在 Decoder 端的代码部分略有差异，在这里我们仅给出 Decoder 端的代码，读者可以参考实践十六的内容进行完整的机器翻译的实现。

```
# 和实践十六一样，每次只让 LSTM 向前计算一次
class AttentionDecoder(paddle.nn.Layer):
    def __init__(self):
        super(AttentionDecoder, self).__init__()
        self.emb = paddle.nn.Embedding(cn_vocab_size, embedding_size)
        self.lstm = paddle.nn.LSTM(input_size=embedding_size + hidden_size,
                                   hidden_size=hidden_size)

        # 这里使用了一个由两层 Linear 组成的网络来完成注意力机制的计算，它用来计算目标语
        # 言在每次翻译一个词的时候，需要对源语言当中的每个词需要赋予多少的权重
        self.attention_linear1 = paddle.nn.Linear(hidden_size * 2, hidden_size)
        self.attention_linear2 = paddle.nn.Linear(hidden_size, 1)

        self.outlinear =paddle.nn.Linear(hidden_size, cn_vocab_size)

    def forward(self, x, previous_hidden, previous_cell, encoder_outputs):
        x = self.emb(x)
        # 将 Encoder 端所有隐层状态和当前时刻 Decoder 端隐层状态拼接，作为 Attention 模块的输入
        attention_inputs = paddle.concat((encoder_outputs,
                                          paddle.tile(previous_hidden, repeat_times=[1, MAX_LEN+1, 1])),
                                          axis=-1
                                         )

        attention_hidden = self.attention_linear1(attention_inputs)
        attention_hidden = F.tanh(attention_hidden)
        attention_logits = self.attention_linear2(attention_hidden)
        attention_logits = paddle.squeeze(attention_logits)

        # 将两层 linear 网络的输出进行 softmax 归一化，得到 attention 的概率分布
        attention_weights = F.softmax(attention_logits)
        attention_weights = paddle.expand_as(paddle.unsqueeze(attention_weights, -1),
                                             encoder_outputs)

        # 将 Encoder 端每一个时刻的隐层状态乘以相对应的 attention 权重
        context_vector = paddle.multiply(encoder_outputs, attention_weights)
        context_vector = paddle.sum(context_vector, 1)
        context_vector = paddle.unsqueeze(context_vector, 1)

        lstm_input = paddle.concat((x, context_vector), axis=-1)

        previous_hidden = paddle.transpose(previous_hidden, [1, 0, 2])
        previous_cell = paddle.transpose(previous_cell, [1, 0, 2])
```

```
        x, (hidden, cell) = self.lstm(lstm_input, (previous_hidden, previous_cell))

        hidden = paddle.transpose(hidden, [1, 0, 2])
        cell = paddle.transpose(cell, [1, 0, 2])

        output = self.outlinear(hidden)
        output = paddle.squeeze(output)
        return output, (hidden, cell)
```

步骤 2：模型训练

接下来我们开始进行模型的训练，在训练过程中采取了和实践十六相似的策略。

```
# 实例化编码器、解码器
encoder = Encoder()
decoder = AttentionDecoder()
# 定义优化器：同时优化编码器与解码器的参数
opt = paddle.optimizer.Adam(learning_rate = 0.001, parameters = encoder.parameters() +
decoder.parameters())
# 开始训练
for epoch in range(epochs):
    print("epoch:{}".format(epoch))
    # 随机打乱训练数据
    perm = np.random.permutation(len(train_en_sents))
    train_en_sents_shuffled = train_en_sents[perm]
    train_cn_sents_shuffled = train_cn_sents[perm]
    train_cn_label_sents_shuffled = train_cn_label_sents[perm]
    # 批量数据迭代
for iteration in range(train_en_sents_shuffled.shape[0] // batch_size):
        x_data = train_en_sents_shuffled[(batch_size * iteration):(batch_size * (iteration + 1))]
        sent = paddle.to_tensor(x_data)
        # Encoder 端得到需要翻译的英文句子的编码表示
        en_repr = encoder(sent)
        # 解码器端原始输入
        x_cn_data = train_cn_sents_shuffled[(batch_size * iteration):(batch_size *
(iteration + 1))]
        # 解码器端输出的标准答案，用于计算损失
        x_cn_label_data = train_cn_label_sents_shuffled[(batch_size * iteration):(batch_
size * (iteration + 1))]
        # Decoder 端在第一步进行解码时需要初始化 h0 和 c0，tensor 形状为：(batch, num_layer *
num_of_direction, hidden_size)
        hidden = paddle.zeros([batch_size, 1, hidden_size])
        cell = paddle.zeros([batch_size, 1, hidden_size])
        loss = paddle.zeros([1])
        #AttentionDecoder 端的循环解码
        for i in range(MAX_LEN + 2):
            # 获取每步的输入以及输出的标准答案
            cn_word = paddle.to_tensor(x_cn_data[:,i:i+1])
            cn_word_label = paddle.to_tensor(x_cn_label_data[:,i])
            # 解码器解码
            logits, (hidden, cell) = decoder(cn_word, hidden, cell, en_repr)
            # 计算解码损失，交叉熵损失，解码的词是否正确
```

```
        step_loss = F.cross_entropy(logits, cn_word_label)
        loss += step_loss
    # 计算平均损失
    loss = loss / (MAX_LEN + 2)
    if(iteration % 200 == 0):
        print("iter {}, loss:{}".format(iteration, loss.numpy()))
    # 反向传播,梯度更新
    loss.backward()
    opt.step()
    opt.clear_grad()
```

模型在训练过程中的 loss 不断下降并最终趋于稳定，而且在效果上是明显优于不带注意力机制的 encoder-decoder 模型结构的。

实践十八：基于 Transformer 的中-英机器翻译

在实践十七中我们学习了 Attention 机制，知道了它可以解决 Encoder-Decoder 结构中固定的语义向量 Context 无法保存所有输入信息的问题。既然 Attention 机制如此有效，那么我们可不可以去掉模型中的 RNN 部分，只利用 Attention 结构呢？这就是谷歌提出的 Self-Attention 机制以及 Transformer 架构。

我们仍然从一个翻译例子来引出 self-attention 机制，假设我们需要翻译“I arrived at the bank after crossing the river”这句话，当我们在翻译“bank”时，如何知道它指的是“银行”还是“河岸”呢？这就需要我们联系上下文，当我们看到“river”之后就知道这里的“bank”有很大的概率可以被翻译为“河岸”。但是在 RNN 网络中，我们需要顺序处理从“bank”到“river”的所有单词，当它们相距较远时 RNN 的效果往往很差，同时由于其处理的顺序性导致 RNN 网络的效率也比较低。Self-Attention 则利用了 Attention 机制，可以计算每个单词与其他所有单词之间的关联性。在这句话中，当翻译“bank”一词时，“river”被分配得到较高的 Attention score，利用这些 Attention score 就可以得到一个加权表示的向量用来表征“bank”的语义信息，这一表示能够很好地利用上下文所提供的信息。

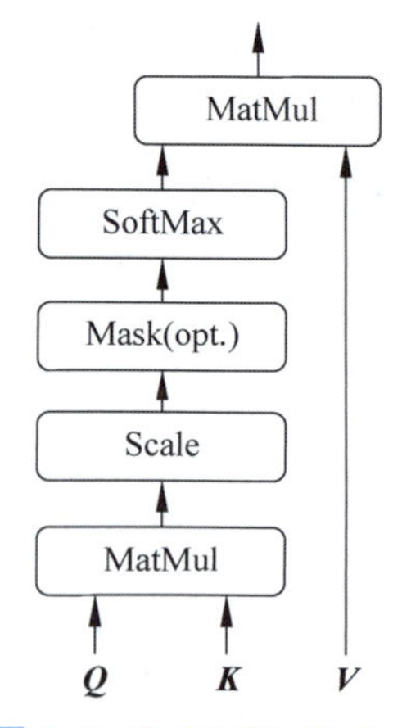

图 5.4　Scaled Dot-Product Attention

接下来我们详细介绍 Self-Attention 的计算过程，其基本结构如图 5.4 所示。

对于 self-attention 来讲，$\boldsymbol{Q}$(Query)，$\boldsymbol{K}$(Key)，$\boldsymbol{V}$(Value)三个矩阵均来自于同一个输入，首先我们要计算 $\boldsymbol{Q}$ 与 $\boldsymbol{K}$ 之间的点乘，为了防止其结果过大，会除以一个尺度标度 $\sqrt{d_k}$，其中 d_k 为一个 $\boldsymbol{Q}$ 或 $\boldsymbol{K}$ 向量的维度。再利用 Softmax 操作将其结果归一化为概率分布，然后再乘以矩阵 $\boldsymbol{V}$ 就得到权重求和的表示。上述操作可以表示为

$$\text{Attention}(\boldsymbol{Q},\boldsymbol{K},\boldsymbol{V})=\text{softmax}\left(\frac{\boldsymbol{Q}\boldsymbol{K}^{\mathrm{T}}}{\sqrt{d_k}}\right)\boldsymbol{V}$$

以上描述可能比较抽象且难以理解，我们来看一个具体的例子，假设我们要翻译一个词组“Thinking Machines”，其中

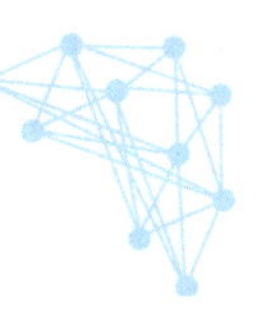

“Thinking”的 embedding vector 用 x_1 表示，“Machines”的 embedding vector 用 x_2 表示。当我们在处理“Thinking”这个单词时，我们需要计算句子中所有单词与它的 Attention Score，这就类似于将当前单词作为搜索的 query，和句子中所有单词（包含该词本身）的 key 去匹配，计算两者之间的相关程度。我们用 q_1 代表“Thinking”对应的 query vector，k_1、k_2 分别代表“Thinking”和“Machines”对应的 key vector，那么在计算“Thinking”的 attention score 时需要计算 q_1 与 k_1、k_2 的点乘，如图 5.5 所示。同理在计算“Machines”的 attention score 时需要计算 q_1 与 k_1、k_2 的点乘。

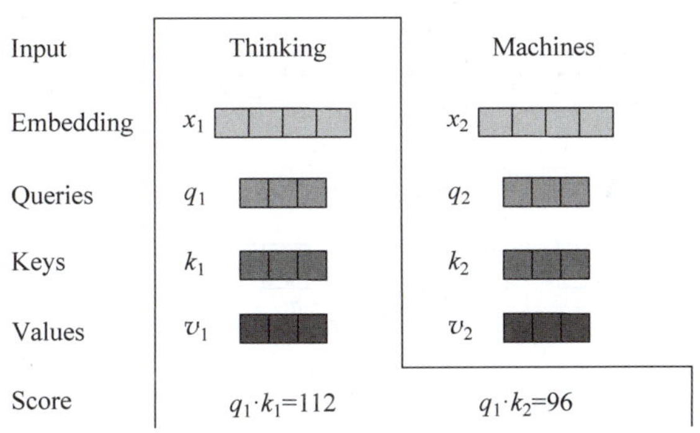

图 5.5 Attention 计算

然后我们对得到的结果进行尺度缩放和 softmax 归一化，就得到了其他单词相对于当前单词的 attention 概率分布。显然，当前单词与其自身的 attention score 一般最大，其他单词根据与当前单词的重要程度也有相应的打分。然后我们将这些 attention score 与 value vector 相乘，即得到加权表示的向量 z_1，如图 5.6 所示。

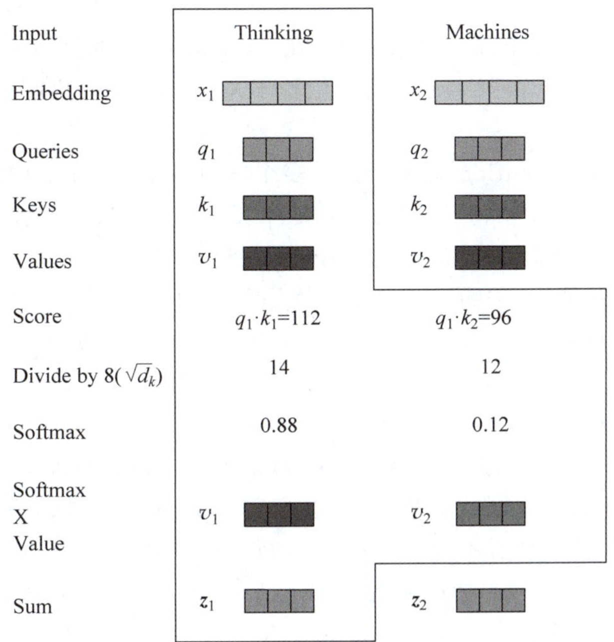

图 5.6 Attention 计算

如果将所有输入的 embedding vector 合并为矩阵形式，那么所有的 query，key 和 value 向量也可以合并为矩阵形式表示，其中 $\boldsymbol{W}^{Q}$、$\boldsymbol{W}^{K}$、$\boldsymbol{W}^{V}$ 是模型在训练过程中需要学习的参数，上述操作即可简化为如图 5.7 所示的矩阵形式。

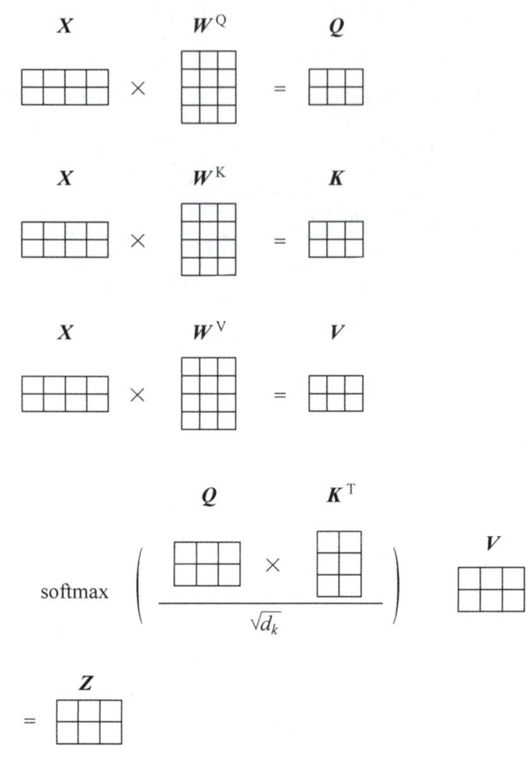

图 5.7　Attention 计算

以上就是 self-attention 机制的主要内容，在 Transformer 的网络架构中，编码器和解码器没有采用 RNN 或 CNN 等网络，而是完全依赖于 self-attention 机制，其网络架构如图 5.8 所示。

这里的 Multi-head Attention 实际上就是多个 Self-Attention 结构的结合，模型需要学习不同的 $\boldsymbol{W}^{Q}$、$\boldsymbol{W}^{K}$、$\boldsymbol{W}^{V}$ 参数，来得到不同的 $\boldsymbol{Q}$、$\boldsymbol{K}$、$\boldsymbol{V}$ 矩阵，如图 5.9 所示，每个 head 能够学习到在不同表示空间中的特征，这使得模型具有更强的表示能力。

对于 Transformer 结构，它的 Encoder 端就是将上述 Multi-head Attention 作为基本单元进行堆叠，除了第一层接收的是输入序列的 embedding 表示以外，其余每一层的 $\boldsymbol{Q}$、$\boldsymbol{K}$、$\boldsymbol{V}$ 均来自于前一层的输出。

Decoder 端的 Self-Attention 和 Encoder 端基本完全一致，需要注意的一点是解码过程是 step by step 的生成过程，因此目标序列中的每个单词在进行自注意力编码时，仅可以“看到”当前输出位置的所有前驱词的信息，所以我们需要对目标序列中的单词进行掩码操作，确保在编码当前位置单词时“看不到”后继单词的信息，该操作即对应 Decoder 端第一级的 Masked Multi-head Attention。第二级的 Multi-Head Attention 也被称作 Encoder-Decoder Attention Layer，它的作用和实践十七中介绍的 Attention 机制的作用相同。

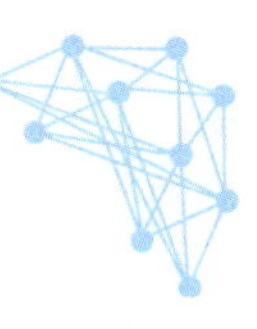

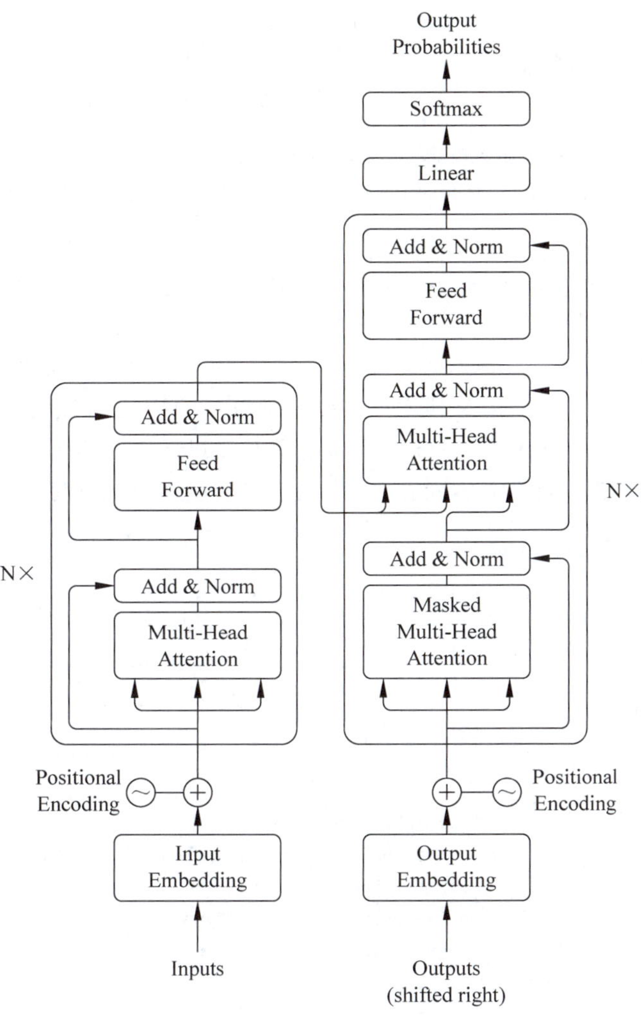

图 5.8　Multi-head Attention

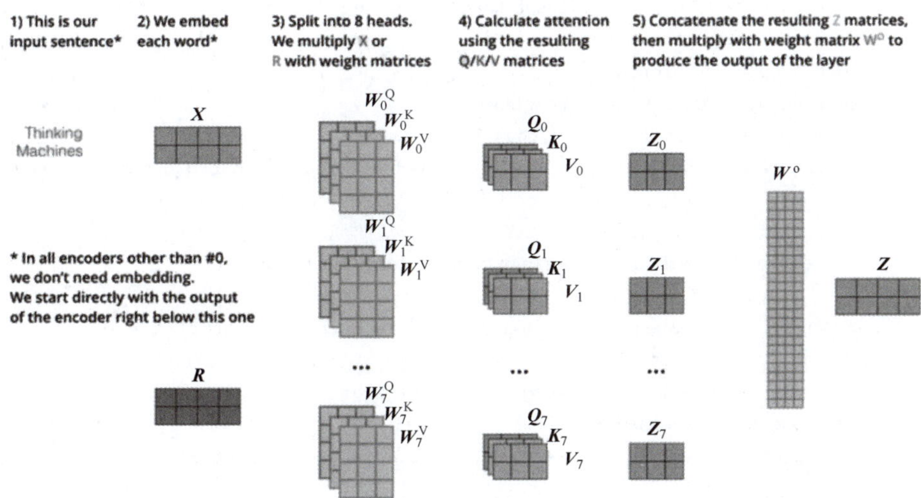

图 5.9　Multi-head Attention 计算

除此之外，Transformer 结构中还有一些其他的细节，例如位置编码、残差连接和层标准化等，感兴趣的读者可以阅读原论文学习。

接下来我们学习使用飞桨深度学习开源框架完成基于 Transformer 的中-英机器翻译模型。飞桨框架实现了 Transformer 的基本层，因此可以直接调用：TransformerEncoderLayer 类定义了编码器端的一个层，包括多头注意力子层及逐位前馈网络子层；TransformerEncoder 类堆叠 TransformerEncoderLayer 层，返回指定层数的编码器；TransformerDecoderLayer 类定义了解码器端的一个层，包括多头自注意力子层、多头交叉注意力子层及逐位前馈网络子层；TransformerDecoder 类堆叠 TransformerDecoderLayer 层，返回指定层数的解码器。我们将飞桨封装好的 Transformer 类进行了展开，希望读者能够通过学习完整的代码更进一步地掌握 Transformer 的结构及其运算过程。训练集的构建部分读者仍然可以参考实践十六进行实现，因为基于 Transformer 架构和基于 Encoder-Decoder 架构的机器翻译模型在训练过程中的数据读取部分略有不同，因此我们给出模型配置和训练的完整代码。

步骤 1：Transformer 模型配置

我们通过定义 TransformerEncoder 类和 TransformerDecoder 类详细的内部实现来更好地理解 Transformer 的运行过程。首先是定义 MultiHeadAttention()多头注意力子层，实现隐状态的注意力计算。

```
# 多头注意力子层
class MultiHeadAttention(Layer):
    Cache = collections.namedtuple("Cache", ["k", "v"])
    StaticCache = collections.namedtuple("StaticCache", ["k", "v"])
    def __init__(self, embed_dim, num_heads, dropout = 0.,
                 kdim = None, vdim = None, need_weights = False,
                 weight_attr = None, bias_attr = None):
        super(MultiHeadAttention, self).__init__()
        self.embed_dim = embed_dim
        self.kdim = kdim if kdim is not None else embed_dim
        self.vdim = vdim if vdim is not None else embed_dim
        self.num_heads = num_heads
        self.dropout = dropout
        self.need_weights = need_weights
        self.head_dim = embed_dim // num_heads
        assert self.head_dim * num_heads == self.embed_dim, "embed_dim must be divisible by
num_heads"
        self.q_proj = Linear(
            embed_dim, embed_dim, weight_attr, bias_attr = bias_attr)
        self.k_proj = Linear(
            self.kdim, embed_dim, weight_attr, bias_attr = bias_attr)
        self.v_proj = Linear(
            self.vdim, embed_dim, weight_attr, bias_attr = bias_attr)
        self.out_proj = Linear(
            embed_dim, embed_dim, weight_attr, bias_attr = bias_attr)

    def _prepare_qkv(self, query, key, value, cache = None):
```

```
        q = self.q_proj(query)
        q = tensor.reshape(x=q, shape=[0, 0, self.num_heads, self.head_dim])
        q = tensor.transpose(x=q, perm=[0, 2, 1, 3])
        if isinstance(cache, self.StaticCache):
            # Decoder 端计算 encoder-decoder attention
            k, v = cache.k, cache.v
        else:
            k, v = self.compute_kv(key, value)
        if isinstance(cache, self.Cache):
            # Decoder 端计算 self-attention
            k = tensor.concat([cache.k, k], axis=2)
            v = tensor.concat([cache.v, v], axis=2)
            cache = self.Cache(k, v)
        return (q, k, v) if cache is None else (q, k, v, cache)
    def compute_kv(self, key, value):
        k = self.k_proj(key)
        v = self.v_proj(value)
        k = tensor.reshape(x=k, shape=[0, 0, self.num_heads, self.head_dim])
        k = tensor.transpose(x=k, perm=[0, 2, 1, 3])
        v = tensor.reshape(x=v, shape=[0, 0, self.num_heads, self.head_dim])
        v = tensor.transpose(x=v, perm=[0, 2, 1, 3])
        return k, v

    def forward(self, query, key=None, value=None, attn_mask=None, cache=None):
        key = query if key is None else key
        value = query if value is None else value
        # 计算 q ,k ,v
        if cache is None:
            q, k, v = self._prepare_qkv(query, key, value, cache)
        else:
            q, k, v, cache = self._prepare_qkv(query, key, value, cache)
        # 注意力权重系数的计算采用缩放点乘的形式
        product = layers.matmul(
            x=q, y=k, transpose_y=True, alpha=self.head_dim**-0.5)
        if attn_mask is not None:
            product = product + attn_mask
        weights = F.softmax(product)
        if self.dropout:
            weights = F.dropout(
                weights,
                self.dropout,
                training=self.training,
                mode="upscale_in_train")
        out = tensor.matmul(weights, v)
        out = tensor.transpose(out, perm=[0, 2, 1, 3])
        out = tensor.reshape(x=out, shape=[0, 0, out.shape[2] * out.shape[3]])
        out = self.out_proj(out)
        outs = [out]
        if self.need_weights:
            outs.append(weights)
```

```
        if cache is not None:
            outs.append(cache)
        return out if len(outs) == 1 else tuple(outs)
```

到这里就实现了多头注意力机制的运算，下面通过TransformerEncoderLayer()网络层封装Encoder的每一层，方便Transformer中模块的堆叠。

```
# Encoder 端的一层
class TransformerEncoderLayer(Layer):
    def __init__(self, d_model, nhead, dim_feedforward,
                 dropout = 0.1, activation = "relu",
                 attn_dropout = None, act_dropout = None,
                 normalize_before = False, weight_attr = None,
                 bias_attr = None):
        self._config = locals()
        self._config.pop("self")
        self._config.pop("__class__", None)         # py3
        super(TransformerEncoderLayer, self).__init__()
        attn_dropout = dropout if attn_dropout is None else attn_dropout
        act_dropout = dropout if act_dropout is None else act_dropout
        self.normalize_before = normalize_before

        weight_attrs = _convert_param_attr_to_list(weight_attr, 2)
        bias_attrs = _convert_param_attr_to_list(bias_attr, 2)
        self.self_attn = MultiHeadAttention( d_model, nhead,
            dropout = attn_dropout, weight_attr = weight_attrs[0],
            bias_attr = bias_attrs[0])
        self.linear1 = Linear(
            d_model, dim_feedforward, weight_attrs[1], bias_attr = bias_attrs[1])
        self.dropout = Dropout(act_dropout, mode = "upscale_in_train")
        self.linear2 = Linear(
            dim_feedforward, d_model, weight_attrs[1], bias_attr = bias_attrs[1])
        self.norm1 = LayerNorm(d_model)
        self.norm2 = LayerNorm(d_model)
        self.dropout1 = Dropout(dropout, mode = "upscale_in_train")
        self.dropout2 = Dropout(dropout, mode = "upscale_in_train")
        self.activation = getattr(F, activation)

    def forward(self, src, src_mask = None, cache = None):
        residual = src
        if self.normalize_before:
            src = self.norm1(src)
        if cache is None:
            src = self.self_attn(src, src, src, src_mask)
        else:
            src, incremental_cache = self.self_attn(src, src, src, src_mask, cache)
        src = residual + self.dropout1(src)
        if not self.normalize_before:
            src = self.norm1(src)
        residual = src
```

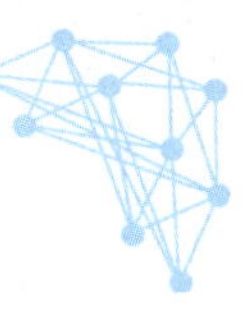

```
        if self.normalize_before:
            src = self.norm2(src)
        src = self.linear2(self.dropout(self.activation(self.linear1(src))))
        src = residual + self.dropout2(src)
        if not self.normalize_before:
            src = self.norm2(src)
        return src if cache is None else (src, incremental_cache)
```

TransformerEncoder()主要是将上面的单个网络层串联起来，变成一个完整的 Encoder 结构。

```
# Encoder 端的多层堆叠
class TransformerEncoder(Layer):
    def __init__(self, encoder_layer, num_layers, norm = None):
        super(TransformerEncoder, self).__init__()
        self.layers = LayerList([(encoder_layer if i == 0 else type(encoder_layer)( **
encoder_layer._config)) for i in range(num_layers)])
        self.num_layers = num_layers
        self.norm = norm

    def forward(self, src, src_mask = None, cache = None):
        output = src
        new_caches = []
        for i, mod in enumerate(self.layers):
            if cache is None:
                output = mod(output, src_mask = src_mask)
            else:
                output, new_cache = mod(output, src_mask = src_mask, cache = cache[i])
                new_caches.append(new_cache)
        if self.norm is not None:
            output = self.norm(output)
        return output if cache is None else (output, new_caches)
```

TransformerDecoderLayer()和 TransformerEncoderLayer()作用类似。

```
# Decoder 端的一层
class TransformerDecoderLayer(Layer):
    def __init__(self, d_model, nhead, dim_feedforward,
                 dropout = 0.1, activation = "relu",
                 attn_dropout = None, act_dropout = None,
                 normalize_before = False, weight_attr = None,
                 bias_attr = None):
        self._config = locals()
        self._config.pop("self")
        self._config.pop("__class__", None) # py3
        super(TransformerDecoderLayer, self).__init__()
        attn_dropout = dropout if attn_dropout is None else attn_dropout
        act_dropout = dropout if act_dropout is None else act_dropout
        self.normalize_before = normalize_before
        weight_attrs = _convert_param_attr_to_list(weight_attr, 3)
```

```
        bias_attrs = _convert_param_attr_to_list(bias_attr, 3)
        self.self_attn = MultiHeadAttention(d_model, nhead,
            dropout = attn_dropout, weight_attr = weight_attrs[0],
            bias_attr = bias_attrs[0])
        self.cross_attn = MultiHeadAttention( d_model, nhead,
            dropout = attn_dropout, weight_attr = weight_attrs[1],
            bias_attr = bias_attrs[1])
        self.linear1 = Linear(
            d_model, dim_feedforward, weight_attrs[2], bias_attr = bias_attrs[2])
        self.dropout = Dropout(act_dropout, mode = "upscale_in_train")
        self.linear2 = Linear(
            dim_feedforward, d_model, weight_attrs[2], bias_attr = bias_attrs[2])
        self.norm1 = LayerNorm(d_model)
        self.norm2 = LayerNorm(d_model)
        self.norm3 = LayerNorm(d_model)
        self.dropout1 = Dropout(dropout, mode = "upscale_in_train")
        self.dropout2 = Dropout(dropout, mode = "upscale_in_train")
        self.dropout3 = Dropout(dropout, mode = "upscale_in_train")
        self.activation = getattr(F, activation)

    def forward(self, tgt, memory, tgt_mask = None, memory_mask = None, cache = None):
        residual = tgt
        if self.normalize_before:
            tgt = self.norm1(tgt)
        if cache is None:
            tgt = self.self_attn(tgt, tgt, tgt, tgt_mask, None)
        else:
            tgt, incremental_cache = self.self_attn(tgt, tgt, tgt, tgt_mask, cache[0])
        tgt = residual + self.dropout1(tgt)
        if not self.normalize_before:
            tgt = self.norm1(tgt)
        residual = tgt
        if self.normalize_before:
            tgt = self.norm2(tgt)
        if cache is None:
            tgt = self.cross_attn(tgt, memory, memory, memory_mask, None)
        else:
            tgt, static_cache = self.cross_attn(tgt, memory, memory, memory_mask, cache[1])
        tgt = residual + self.dropout2(tgt)
        if not self.normalize_before:
            tgt = self.norm2(tgt)
        residual = tgt
        if self.normalize_before:
            tgt = self.norm3(tgt)
        tgt = self.linear2(self.dropout(self.activation(self.linear1(tgt))))
        tgt = residual + self.dropout3(tgt)
        if not self.normalize_before:
            tgt = self.norm3(tgt)
        return tgt if cache is None else (tgt, (incremental_cache, static_cache))
```

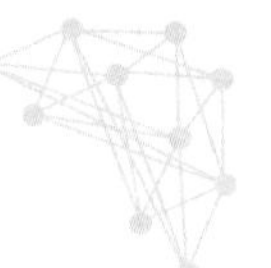


```
# Decoder 端的多层堆叠
class TransformerDecoder(Layer):
    def __init__(self, decoder_layer, num_layers, norm = None):
        super(TransformerDecoder, self).__init__()
        self.layers = LayerList([(decoder_layer if i == 0 else type(decoder_layer)( **
decoder_layer._config)) for i in range(num_layers)])
        self.num_layers = num_layers
        self.norm = norm

    def forward(self, tgt, memory, tgt_mask = None, memory_mask = None, cache = None):
        output = tgt
        new_caches = []
        for i, mod in enumerate(self.layers):
            if cache is None:
                output = mod(output,
                             memory,
                             tgt_mask = tgt_mask,
                             memory_mask = memory_mask,
                             cache = None)
            else:
                output, new_cache = mod(output,
                                        memory,
                                        tgt_mask = tgt_mask, memory_mask = memory_mask,
                                        cache = cache[i])
                new_caches.append(new_cache)

        if self.norm is not None:
            output = self.norm(output)
        return output if cache is None else (output, new_caches)
```

然后我们就可以利用定义好的 TransformerEncoder 类和 TransformerDecoder 类构建基于 Transformer 的机器翻译模型。首先进行超参数的定义，用于后续模型的设计与训练。

```
embedding_size = 128
hidden_size = 512
num_encoder_lstm_layers = 1
en_vocab_size = len(list(en_vocab))
cn_vocab_size = len(list(cn_vocab))
epochs = 20
batch_size = 16
```

然后分别使用 TransformerEncoder 类和 TransformerDecoder 类定义 Encoder 端和 Decoder 端。

```
# Encoder 端定义
class Encoder(paddle.nn.Layer):
    def __init__(self, en_vocab_size, embedding_size, num_layers = 2, head_number = 2, middle_
units = 512):
        super(Encoder, self).__init__()
        self.emb = paddle.nn.Embedding(en_vocab_size, embedding_size,)
```

```
        encoder_layer = TransformerEncoderLayer(embedding_size, head_number, middle_units)
        self.encoder = TransformerEncoder(encoder_layer, num_layers)

    def forward(self, x):
        x = self.emb(x)
        en_out = self.encoder(x)
        return en_out

# Decoder 端定义
class Decoder(paddle.nn.Layer):
    def __init__(self,cn_vocab_size, embedding_size,num_layers = 2,head_number = 2,middle_
units = 512):
        super(Decoder, self).__init__()
        self.emb = paddle.nn.Embedding(cn_vocab_size, embedding_size)

        decoder_layer = TransformerDecoderLayer(embedding_size, head_number, middle_units)
        self.decoder = TransformerDecoder(decoder_layer, num_layers)

        self.outlinear = paddle.nn.Linear(embedding_size, cn_vocab_size)

    def forward(self, x, encoder_outputs):
        x = self.emb(x)

        de_out = self.decoder(x, encoder_outputs)
        output = self.outlinear(de_out)
        output = paddle.squeeze(output)
        return output
```

步骤 2：模型训练

模型训练依然包含：模型实例化、优化器定义、损失函数定义这几部分。

```
# 实例化编码器、解码器
encoder = Encoder(en_vocab_size, embedding_size)
decoder = Decoder(cn_vocab_size, embedding_size)
# 优化器：同时优化编码器与解码器的参数
opt = paddle.optimizer.Adam(learning_rate = 0.00001,
                            parameters = encoder.parameters() + decoder.parameters())
# 开始训练
for epoch in range(epochs):
    print("epoch:{}".format(epoch))

    # 打乱训练数据顺序
    perm = np.random.permutation(len(train_en_sents))
    train_en_sents_shuffled = train_en_sents[perm]
    train_cn_sents_shuffled = train_cn_sents[perm]
train_cn_label_sents_shuffled = train_cn_label_sents[perm]

# 批量数据迭代
```

```
    for iteration in range(train_en_sents_shuffled.shape[0] // batch_size):
        x_data = train_en_sents_shuffled[(batch_size * iteration): (batch_size * (iteration + 1))]
        sent = paddle.to_tensor(x_data)
        # 编码器处理英文句子
        en_repr = encoder(sent)
        # 解码器端原始输入
        x_cn_data = train_cn_sents_shuffled[(batch_size * iteration): (batch_size *
(iteration + 1))]
        # 解码器端输出的标准答案,用于计算损失
        x_cn_label_data = train_cn_label_sents_shuffled[( batch_size * iteration):(batch_size *
(iteration + 1))]

        loss = paddle.zeros([1])
        # 逐步解码,每步解码一个词
        for i in range( cn_length + 2):
            # 获取每步的输入以及输出的标准答案
            cn_word = paddle.to_tensor(x_cn_data[:,i:i + 1])
            cn_word_label = paddle.to_tensor(x_cn_label_data[:,i])
            # 解码器解码
            logits = decoder(cn_word, en_repr)
            # 计算解码损失:交叉熵损失,解码的词是否正确
            step_loss = F.cross_entropy(logits, cn_word_label)
            loss += step_loss
        # 计算平均损失
        loss = loss / (cn_length + 2)
        if(iteration % 50 == 0):
            print("iter {}, loss:{}".format(iteration, loss.numpy()))
        # 反向传播,梯度更新
        loss.backward()
        opt.step()
        opt.clear_grad()
```

输出结果部分内容如下:

```
epoch:0
iter 0, loss:[8.359558]
iter 50, loss:[6.6431913]
iter 100, loss:[5.613313]
iter 150, loss:[5.3523498]
iter 200, loss:[5.0697136]
iter 250, loss:[5.2516413]
iter 300, loss:[4.8820877]
iter 350, loss:[5.020339]
iter 400, loss:[4.6380825]
iter 450, loss:[4.937914]
iter 500, loss:[4.5123353]
```

第 6 章 自动文摘

自动文本摘要(Automatic Text Summarization),又称自动文摘,是利用计算机自动地从原始文献中提取文摘。文摘即是全面准确地反映某一文献中心内容的简单连贯的短文。

为了适应大规模真实语料的需要,自动文摘应立足于面向非受域,不断提高文摘质量。篇章结构属于语言学范畴,不触及领域知识,因而基于篇章结构的自动文摘方法不受领域的限制。同时篇章结构比语言表层结构深入了一大步,根据篇章结构能够更准确地探测文章的中心内容所在,因而基于篇章结构的自动文摘能够避免机械文摘的许多不足,保证文摘质量。

自动文摘技术主要有抽取式自动文摘和生成式自动文摘两种。抽取式方法相对比较简单,通常利用不同文档结构单元(句子、段落等)进行评价,对每个结构单元赋予一定权重然后选择最重要的结构单元组成摘要。而生成式方法通常需要利用自然语言理解技术对文本进行语法、语义分析,对信息进行融合,利用自然语言生成技术主动生成新的摘要句子。本章我们将学习使用飞桨提供的 API 来完成不同的生成式自动文摘任务。

实践十九:基于注意力机制的英文新闻标题生成

自动文摘和机器翻译类似,都是典型的 seq2seq 预测问题,这两个任务的不同之处在于自动文摘没有很强的对齐性,由于自动文摘大多是将一个长文本概括成一个较短的文本,因此对齐关系较弱,在任务难度上也有所增加。我们在本章学习使用飞桨深度学习开源框架完成复杂的基于注意力机制的英文新闻标题生成任务。

步骤 1:Gigaword 数据准备

本次实践使用的数据集为英文 gigaword,该数据集最早在 2003 年由 David 和 Christopher 提出,数据是由法新社(Agence France Press)、美联社(Associated Press)、纽约时报(The New York Times)、新华社(The Xinhua News Agency)中的英文新闻专线文本组成,后来 Rush 等人将带注解的英文 gigaword 数据集进行了整理,得到了用于自动文摘任务的数据。gigaword 约有 950 万篇新闻文章,数据集用第一句话作为输入,用标题作为文本的摘要,即输出文本,属于单句摘要的数据集。

我们将得到的数据对进行如下处理,并将其读取到 Python 的数据结构中:①将所有字母转换为小写并只保留英文单词。②为了提高后续模型的训练速度,通过限制句子长度和只保留开头的一部分单词等方式,得到了一个包含 1720 个句子对的较小的数据集。

```
# 只保留长度不超过 50 个单词的句子
MAX_LEN = 50
word_dict = train_dataset.word_idx
lines = open('train.txt', encoding='utf-8').read().strip().split('\n')
# 对于英文,只保留英文单词、数字和下画线
words_re = re.compile(r'\w+')
pairs = []
for l in lines:
    en_sent, su_sent = l.split('\t')
    pairs.append((words_re.findall(en_sent.lower()), words_re.findall(su_sent.lower())))
# 为了加速训练,构造一个较小的数据集
filtered_pairs = []
for x in pairs:
    if len(x[0]) < MAX_LEN and len(x[1]) < MAX_LEN and \
    x[0][0] in ('i', 'you', 'he', 'she', 'we', 'they', "us"):
        filtered_pairs.append(x)
```

可以通过采样 filtered_pairs 中的数据进行展示,进而检验数据处理模块是否正常。

接下来我们创建词表,因为输入输出属于同一种语言,因此这里只构建一个英文词表,该词表被用于单词和词表 ID 之间的相互转换。

```
# 英文词表
en_vocab = {}
# 英文词表中分别加入三个特殊字符:<pad>,<bos>,<eos>
en_vocab['<pad>'], en_vocab['<bos>'], en_vocab['<eos>'] = 0, 1, 2
en_idx = 3
for en, su in filtered_pairs:
    for w in en:
        if w not in en_vocab:
            en_vocab[w] = en_idx
            en_idx += 1
    for w in su:
        if w not in en_vocab:
            en_vocab[w] = en_idx
            en_idx += 1
```

和机器翻译类似,我们根据构造的词表创建一份实际用于训练的用 NumPy 组织的数据集。

```
padded_en_sents = []
padded_su_sents = []
padded_su_label_sents = []
for en, su in filtered_pairs:
    # 编码器端的输入需要为英文添加结束符,并且填充至固定长度
padded_en_sent = en + ['<eos>'] + ['<pad>'] * (MAX_LEN - len(en))
# 翻转源语言
padded_en_sent.reverse()
# 解码器端的输入需要以开始符号作为第一个输入
padded_su_sent = ['<bos>'] + su + ['<eos>'] + ['<pad>'] * (MAX_LEN - len(su))
# 解码器端的输出无须添加开始符号,自回归解码方式
```

```
        padded_su_label_sent = su + ['<eos>'] + ['<pad>'] * (MAX_LEN - len(su) + 1)
        # 将单词转换成词表 ID
        padded_en_sents.append([en_vocab[w] for w in padded_en_sent])
        padded_su_sents.append([en_vocab[w] for w in padded_su_sent])
        padded_su_label_sents.append([en_vocab[w] for w in padded_su_label_sent])

    train_en_sents = np.array(padded_en_sents)
    train_su_sents = np.array(padded_su_sents)
    train_su_label_sents = np.array(padded_su_label_sents)
    print(train_en_sents.shape)
    print(train_su_sents.shape)
    print(train_su_label_sents.shape)
```

```
(1720, 51)
(1720, 52)
(1720, 52)
```

步骤 2：Encoder-AttentionDecoder 模型配置

我们将会创建一个 Encoder-AttentionDecoder 架构的模型来完成自动文摘任务。首先设置一些网络结构中将会用到的必要的参数。

```
embedding_size = 128
hidden_size = 256
num_encoder_lstm_layers = 1
en_vocab_size = len(list(en_vocab))
su_vocab_size = len(list(en_vocab))
epochs = 20
batch_size = 16
```

（1）Encoder 部分。

在 Encoder 端，我们在得到字符对应的 Embedding 之后连接 LSTM，构建一个对源语言进行编码的网络。

```
class Encoder(paddle.nn.Layer):
    def __init__(self):
        super(Encoder, self).__init__()
        self.emb = paddle.nn.Embedding(en_vocab_size, embedding_size,)
        self.lstm = paddle.nn.LSTM(input_size=embedding_size,
                    hidden_size=hidden_size,
                    num_layers=num_encoder_lstm_layers)

    def forward(self, x):
        x = self.emb(x)
        x, (_, _) = self.lstm(x)
        return x
```

（2）Decoder 部分。

和机器翻译类似，在 Decoder 端，我们通过一个带有注意力机制的 LSTM 来完成单步解码。

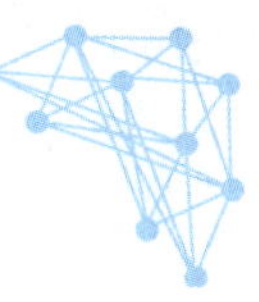

```
class AttentionDecoder(paddle.nn.Layer):
    def __init__(self):
        super(AttentionDecoder, self).__init__()
        self.emb = paddle.nn.Embedding(en_vocab_size, embedding_size)
        self.lstm = paddle.nn.LSTM(input_size=embedding_size + hidden_size, hidden_size=
hidden_size)
      #Attention 层
        self.attention_linear1 = paddle.nn.Linear(hidden_size * 2, hidden_size)
        self.attention_linear2 = paddle.nn.Linear(hidden_size, 1)
        self.outlinear = paddle.nn.Linear(hidden_size, en_vocab_size)
    def forward(self, x, previous_hidden, previous_cell, encoder_outputs):
        x = self.emb(x)
        attention_inputs = paddle.concat((encoder_outputs, paddle.tile(previous_hidden,
repeat_times=[1, MAX_LEN+1, 1])), axis=-1)
        attention_hidden = self.attention_linear1(attention_inputs)
        attention_hidden = F.tanh(attention_hidden)
        attention_logits = self.attention_linear2(attention_hidden)
        attention_logits = paddle.squeeze(attention_logits)

        attention_weights = F.softmax(attention_logits)
        attention_weights = paddle.expand_as(paddle.unsqueeze(attention_weights, -1),
encoder_outputs)
        context_vector = paddle.multiply(encoder_outputs, attention_weights)
        context_vector = paddle.sum(context_vector, 1)
        context_vector = paddle.unsqueeze(context_vector, 1)
        lstm_input = paddle.concat((x, context_vector), axis=-1)
        previous_hidden = paddle.transpose(previous_hidden, [1, 0, 2])
        previous_cell = paddle.transpose(previous_cell, [1, 0, 2])
        x, (hidden, cell) = self.lstm(lstm_input, (previous_hidden, previous_cell))
        hidden = paddle.transpose(hidden, [1, 0, 2])
        cell = paddle.transpose(cell, [1, 0, 2])
        output = self.outlinear(hidden)
        output = paddle.squeeze(output)
        return output, (hidden, cell)
```

步骤3：模型训练

模型训练的过程也和机器翻译类似，此处不再赘述。

```
# 实例化编码器、解码器
encoder = Encoder()
decoder = AttentionDecoder()

# 定义优化器：同时优化编码器与解码器的参数
opt = paddle.optimizer.Adam(learning_rate = 0.001, parameters = encoder.parameters() +
decoder.parameters())
# 开始训练
for epoch in range(epochs):
```

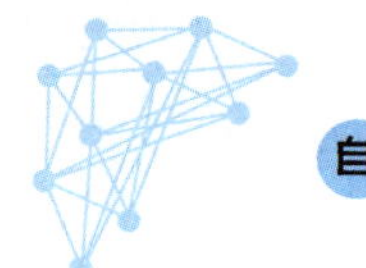


```
print("epoch:{}".format(epoch))

# 随机打乱训练数据
perm = np.random.permutation(len(train_en_sents))
train_en_sents_shuffled = train_en_sents[perm]
train_su_sents_shuffled = train_su_sents[perm]
train_su_label_sents_shuffled = train_su_label_sents[perm]

# 批量数据迭代
for iteration in range(train_en_sents_shuffled.shape[0] // batch_size):
    x_data = train_en_sents_shuffled[(batch_size * iteration):(batch_size * (iteration + 1))]
    sent = paddle.to_tensor(x_data)
    # Encoder 端得到需要翻译的英文句子的编码表示
    en_repr = encoder(sent)

    # 解码器端原始输入
    x_su_data = train_su_sents_shuffled[(batch_size * iteration):(batch_size * 
(iteration + 1))]
    # 解码器端输出的标准答案,用于计算损失
    x_su_label_data = train_su_label_sents_shuffled[(batch_size * iteration):(batch_
size * (iteration + 1))]

    # Decoder 端在第一步进行解码时需要初始化 h0 和 c0,tensor 形状为: (batch, num_layer *
    # num_of_direction, hidden_size)
    hidden = paddle.zeros([batch_size, 1, hidden_size])
    cell = paddle.zeros([batch_size, 1, hidden_size])

    loss = paddle.zeros([1])
    # Decoder 端的循环解码
    for i in range(MAX_LEN + 2):
        # 获取每步的输入以及输出的标准答案
        su_word = paddle.to_tensor(x_su_data[:,i:i + 1])
        su_word_label = paddle.to_tensor(x_su_label_data[:,i])

        # 解码器解码
        logits, (hidden, cell) = decoder(su_word, hidden, cell, en_repr)
        # 计算解码损失,交叉熵损失,解码的词是否正确
        step_loss = F.cross_entropy(logits, su_word_label)
        loss += step_loss
    # 计算平均损失
    loss = loss / (MAX_LEN + 2)
    if(iteration % 200 == 0):
        print("iter {}, loss:{}".format(iteration, loss.numpy()))

    # 反向传播,梯度更新
    loss.backward()
    opt.step()
    opt.clear_grad()
```

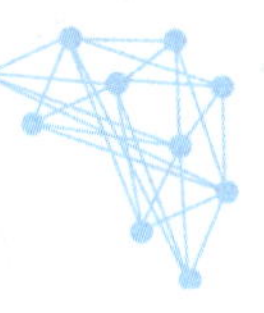

模型在训练过程中的部分输出如下，我们可以看出在经过几个轮次的训练之后，loss不断下降并最终趋于稳定。

```
epoch:0
iter 0, loss:[8.96691]
epoch:1
iter 0, loss:[1.1927725]
epoch:2
iter 0, loss:[1.2355573]
epoch:3
iter 0, loss:[1.097401]
epoch:4
iter 0, loss:[1.0114415]
epoch:5
iter 0, loss:[0.9611865]
epoch:6
iter 0, loss:[1.0986145]
epoch:7
iter 0, loss:[0.93959177]
epoch:8
iter 0, loss:[1.173466]
epoch:9
iter 0, loss:[0.8649336]
```

步骤4：英文新闻标题模型预测

模型训练完成后，我们就得到了一个能够为英文文章生成对应标题的自动文摘模型。在预测过程中，我们需要通过贪心策略(greedy search)来实现使用该模型完成自动文摘。

```
encoder.eval()
decoder.eval()

# 从训练集中随机抽取 10 个样本
num_of_examples_to_evaluate = 10

indices = np.random.choice(len(train_en_sents), num_of_examples_to_evaluate, replace=False)
x_data = train_en_sents[indices]
sent = paddle.to_tensor(x_data)
# 编码器提取特征
en_repr = encoder(sent)

word = np.array(
    [[en_vocab['<bos>']]] * num_of_examples_to_evaluate
)
word = paddle.to_tensor(word)

hidden = paddle.zeros([num_of_examples_to_evaluate, 1, hidden_size])
cell = paddle.zeros([num_of_examples_to_evaluate, 1, hidden_size])

# 逐步解码
decoded_sent = []
```

```
for i in range(MAX_LEN + 2):
    logits, (hidden, cell) = decoder(word, hidden, cell, en_repr)
    word = paddle.argmax(logits, axis=1)
    decoded_sent.append(word.numpy())
    word = paddle.unsqueeze(word, axis=-1)

results = np.stack(decoded_sent, axis=1)
for i in range(num_of_examples_to_evaluate):
    en_input = " ".join(filtered_pairs[indices[i]][0])
    ground_truth_translate = "".join(filtered_pairs[indices[i]][1])
    model_translate = ""
    for k in results[i]:
        w = list(en_vocab)[k]
        if w != '<pad>' and w != '<eos>':
            model_translate += w
    print(en_input)
    print("true: {}".format(ground_truth_translate))
print("pred: {}".format(model_translate))
```

我们将目标标题的真实值和模型预测输出的结果进行对比，来验证自动文摘的效果。

```
us stocks limped to a mixed close wednesday as worries about a weaker than expe
true: wall street sputters after weak housing data dow up percent
pred: us street to unk to unk in iraq
us senator max baucau lrb unk rrb together with six other colleagues introduced
true: us senators introduce bill to monitor china s wto compliance
pred: us street to unk to unk in iraq
us european command deputy commander general charles wald arrived here monday t
true: us military official in turkey for possible war on iraq
pred: us street to unk to unk in iraq
```

自动文摘的评价常用 ROUGE 指标。ROUGE 是 Lin 提出的自动文摘评价方法，被广泛用于自动文摘模型性能的评价。其基本思想是将模型产生的系统摘要和参考摘要进行对比，通过计算它们之间重叠的基本单元数目来评价系统摘要的质量。常用评价指标为 ROUGE-1，ROUGE-2，ROUGE-L 等，1，2，L 分别代表基于 1 元词、2 元词和最长子字串。该方法是摘要评价系统的通用标准之一，但该方法只能评价参考摘要和系统摘要的表面信息，不涉及语义层面的评价。计算公式为

$$R_{\text{ROUGE-}N}=\frac{\sum_{S\in\{Ref\}}\sum_{N_{\text{n-gram}}\in S}\text{Count}_{\text{match}}(N_{\text{n-gram}})}{\sum_{S\in\{Ref\}}\sum_{N_{\text{n-gram}}\in S}\text{Count}(N_{\text{n-gram}})}$$

其中 n-gram 表示 n 元词；{Ref}表示参考摘要；Countmatch($N_{\text{n-gram}}$)表示系统摘要和参考摘要中同时出现 n-gram 的个数；Count($N_{\text{n-gram}}$)表示参考摘要中出现的 n-gram 的个数。ROUGE 有 3 项评价指标：准确率 P(precision)、召回率 R(recall)和 F 值. ROUGE 的公式即是由召回率的计算公式演变而来。在评价阶段，研究人员常使用工具包 pyrouge 计算模型的 ROUGE 分数。

实践二十：基于 Transformer 的英文自动文摘

在实践十八中我们已经详细介绍过 Transformer 的结构原理，在这里我们不再做过多赘述。接下来我们学习使用飞桨深度学习开源框架完成基于 Transformer 的英文文本自动文摘模型。飞桨框架实现了 Transformer 的基本层，因此可以直接调用。训练集的构建部分读者仍然可以参考实践十九进行实现，因为基于 Transformer 架构和基于 Encoder-AttentionDecoder 架构的自动文摘模型在训练过程中的数据读取部分略有不同，因此我们给出模型配置和训练的完整代码。

步骤 1：模型配置

我们通过定义 TransformerEncoder 类和 TransformerDecoder 类详细的内部实现来更好地理解 Transformer 的运行过程。首先是定义 MultiHeadAttention()多头注意力子层，实现隐状态的注意力计算。

```
# 多头注意力子层
class MultiHeadAttention(Layer):
    Cache = collections.namedtuple("Cache", ["k", "v"])
    StaticCache = collections.namedtuple("StaticCache", ["k", "v"])
    def __init__(self, embed_dim, num_heads, dropout = 0.,
                 kdim = None, vdim = None, need_weights = False,
                 weight_attr = None, bias_attr = None):
        super(MultiHeadAttention, self).__init__()
        self.embed_dim = embed_dim
        self.kdim = kdim if kdim is not None else embed_dim
        self.vdim = vdim if vdim is not None else embed_dim
        self.num_heads = num_heads
        self.dropout = dropout
        self.need_weights = need_weights
        self.head_dim = embed_dim // num_heads
        assert self.head_dim * num_heads == self.embed_dim, "embed_dim must be divisible by
num_heads"
        self.q_proj = Linear(
            embed_dim, embed_dim, weight_attr, bias_attr = bias_attr)
        self.k_proj = Linear(
            self.kdim, embed_dim, weight_attr, bias_attr = bias_attr)
        self.v_proj = Linear(
            self.vdim, embed_dim, weight_attr, bias_attr = bias_attr)
        self.out_proj = Linear(
            embed_dim, embed_dim, weight_attr, bias_attr = bias_attr)

    def _prepare_qkv(self, query, key, value, cache = None):
        q = self.q_proj(query)
        q = tensor.reshape(x = q, shape = [0, 0, self.num_heads, self.head_dim])
        q = tensor.transpose(x = q, perm = [0, 2, 1, 3])
```

```
        if isinstance(cache, self.StaticCache):
            # Decoder 端计算 encoder - decoder attention
            k, v = cache.k, cache.v
        else:
            k, v = self.compute_kv(key, value)
        if isinstance(cache, self.Cache):
            # Decoder 端计算 self - attention
            k = tensor.concat([cache.k, k], axis = 2)
            v = tensor.concat([cache.v, v], axis = 2)
            cache = self.Cache(k, v)
        return (q, k, v) if cache is None else (q, k, v, cache)
    def compute_kv(self, key, value):
        k = self.k_proj(key)
        v = self.v_proj(value)
        k = tensor.reshape(x = k, shape = [0, 0, self.num_heads, self.head_dim])
        k = tensor.transpose(x = k, perm = [0, 2, 1, 3])
        v = tensor.reshape(x = v, shape = [0, 0, self.num_heads, self.head_dim])
        v = tensor.transpose(x = v, perm = [0, 2, 1, 3])
        return k, v

    def forward(self, query, key = None, value = None, attn_mask = None, cache = None):
        key = query if key is None else key
        value = query if value is None else value
        # 计算 q ,k ,v
        if cache is None:
            q, k, v = self._prepare_qkv(query, key, value, cache)
        else:
            q, k, v, cache = self._prepare_qkv(query, key, value, cache)
        # 注意力权重系数的计算采用缩放点乘的形式
        product = layers.matmul(
            x = q, y = k, transpose_y = True, alpha = self.head_dim ** - 0.5)
        if attn_mask is not None:
            product = product + attn_mask
        weights = F.softmax(product)
        if self.dropout:
            weights = F.dropout(
                weights,
                self.dropout,
                training = self.training,
                mode = "upscale_in_train")
        out = tensor.matmul(weights, v)
        out = tensor.transpose(out, perm = [0, 2, 1, 3])
        out = tensor.reshape(x = out, shape = [0, 0, out.shape[2] * out.shape[3]])
        out = self.out_proj(out)
        outs = [out]
        if self.need_weights:
            outs.append(weights)
        if cache is not None:
            outs.append(cache)
        return out if len(outs) == 1 else tuple(outs)
```

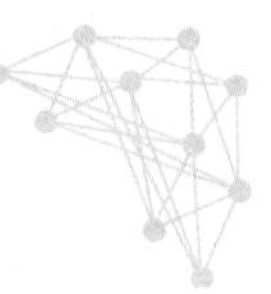

到这里就实现了多头注意力机制的运算，下面通过 TransformerEncoderLayer()网络层封装 Encoder 的每一层，方便 Transformer 中模块的堆叠。

```
# Encoder 端的一层
class TransformerEncoderLayer(Layer):
    def __init__(self, d_model, nhead, dim_feedforward,
                 dropout = 0.1, activation = "relu",
                 attn_dropout = None, act_dropout = None,
                 normalize_before = False, weight_attr = None,
                 bias_attr = None):
        self._config = locals()
        self._config.pop("self")
        self._config.pop("__class__", None)    # py3
        super(TransformerEncoderLayer, self).__init__()
        attn_dropout = dropout if attn_dropout is None else attn_dropout
        act_dropout = dropout if act_dropout is None else act_dropout
        self.normalize_before = normalize_before

        weight_attrs = _convert_param_attr_to_list(weight_attr, 2)
        bias_attrs = _convert_param_attr_to_list(bias_attr, 2)
        self.self_attn = MultiHeadAttention( d_model, nhead,
            dropout = attn_dropout, weight_attr = weight_attrs[0],
            bias_attr = bias_attrs[0])
        self.linear1 = Linear(
            d_model, dim_feedforward, weight_attrs[1], bias_attr = bias_attrs[1])
        self.dropout = Dropout(act_dropout, mode = "upscale_in_train")
        self.linear2 = Linear(
            dim_feedforward, d_model, weight_attrs[1], bias_attr = bias_attrs[1])
        self.norm1 = LayerNorm(d_model)
        self.norm2 = LayerNorm(d_model)
        self.dropout1 = Dropout(dropout, mode = "upscale_in_train")
        self.dropout2 = Dropout(dropout, mode = "upscale_in_train")
        self.activation = getattr(F, activation)

    def forward(self, src, src_mask = None, cache = None):
        residual = src
        if self.normalize_before:
            src = self.norm1(src)
        if cache is None:
            src = self.self_attn(src, src, src, src_mask)
        else:
            src, incremental_cache = self.self_attn(src, src, src, src_mask, cache)
        src = residual + self.dropout1(src)
        if not self.normalize_before:
            src = self.norm1(src)
        residual = src
        if self.normalize_before:
            src = self.norm2(src)
        src = self.linear2(self.dropout(self.activation(self.linear1(src))))
```

```
        src = residual + self.dropout2(src)
        if not self.normalize_before:
            src = self.norm2(src)
        return src if cache is None else (src, incremental_cache)
```

TransformerEncoder()层将上面的单个网络层串联起来，变成一个完整的 Encoder 结构。

```
# Encoder 端的多层堆叠
class TransformerEncoder(Layer):
    def __init__(self, encoder_layer, num_layers, norm=None):
        super(TransformerEncoder, self).__init__()
        self.layers = LayerList([(encoder_layer if i == 0 else
                                  type(encoder_layer)(**encoder_layer._config))
                                  for i in range(num_layers)])
        self.num_layers = num_layers
        self.norm = norm

    def forward(self, src, src_mask=None, cache=None):
        output = src
        new_caches = []
        for i, mod in enumerate(self.layers):
            if cache is None:
                output = mod(output, src_mask=src_mask)
            else:
                output, new_cache = mod(output, src_mask=src_mask, cache=cache[i])
                new_caches.append(new_cache)
        if self.norm is not None:
            output = self.norm(output)
        return output if cache is None else (output, new_caches)
```

TransformerDecoderLayer()层和 TransformerEncoderLayer()的作用类似。

```
# Decoder 端的一层
class TransformerDecoderLayer(Layer):
    def __init__(self, d_model, nhead, dim_feedforward,
                 dropout=0.1, activation="relu",
                 attn_dropout=None, act_dropout=None,
                 normalize_before=False, weight_attr=None,
                 bias_attr=None):
        self._config = locals()
        self._config.pop("self")
        self._config.pop("__class__", None)  # py3
        super(TransformerDecoderLayer, self).__init__()
        attn_dropout = dropout if attn_dropout is None else attn_dropout
        act_dropout = dropout if act_dropout is None else act_dropout
        self.normalize_before = normalize_before
        weight_attrs = _convert_param_attr_to_list(weight_attr, 3)
        bias_attrs = _convert_param_attr_to_list(bias_attr, 3)
        self.self_attn = MultiHeadAttention(d_model, nhead,
```

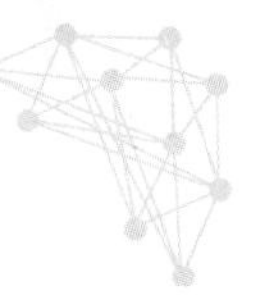

```
            dropout = attn_dropout, weight_attr = weight_attrs[0],
            bias_attr = bias_attrs[0])
        self.cross_attn = MultiHeadAttention( d_model, nhead,
            dropout = attn_dropout, weight_attr = weight_attrs[1],
            bias_attr = bias_attrs[1])
        self.linear1 = Linear(
            d_model, dim_feedforward, weight_attrs[2], bias_attr = bias_attrs[2])
        self.dropout = Dropout(act_dropout, mode = "upscale_in_train")
        self.linear2 = Linear(
            dim_feedforward, d_model, weight_attrs[2], bias_attr = bias_attrs[2])
        self.norm1 = LayerNorm(d_model)
        self.norm2 = LayerNorm(d_model)
        self.norm3 = LayerNorm(d_model)
        self.dropout1 = Dropout(dropout, mode = "upscale_in_train")
        self.dropout2 = Dropout(dropout, mode = "upscale_in_train")
        self.dropout3 = Dropout(dropout, mode = "upscale_in_train")
        self.activation = getattr(F, activation)

    def forward(self, tgt, memory, tgt_mask = None, memory_mask = None, cache = None):
        residual = tgt
        if self.normalize_before:
            tgt = self.norm1(tgt)
        if cache is None:
            tgt = self.self_attn(tgt, tgt, tgt, tgt_mask, None)
        else:
            tgt, incremental_cache = self.self_attn(tgt, tgt, tgt, tgt_mask, cache[0])
        tgt = residual + self.dropout1(tgt)
        if not self.normalize_before:
            tgt = self.norm1(tgt)
        residual = tgt
        if self.normalize_before:
            tgt = self.norm2(tgt)
        if cache is None:
            tgt = self.cross_attn(tgt, memory, memory, memory_mask, None)
        else:
            tgt, static_cache = self.cross_attn(tgt, memory, memory, memory_mask, cache[1])
        tgt = residual + self.dropout2(tgt)
        if not self.normalize_before:
            tgt = self.norm2(tgt)
        residual = tgt
        if self.normalize_before:
            tgt = self.norm3(tgt)
        tgt = self.linear2(self.dropout(self.activation(self.linear1(tgt))))
        tgt = residual + self.dropout3(tgt)
        if not self.normalize_before:
            tgt = self.norm3(tgt)
        return tgt if cache is None else (tgt, (incremental_cache, static_cache))

# Decoder 端的多层堆叠
class TransformerDecoder(Layer):
```

```
    def __init__(self, decoder_layer, num_layers, norm = None):
        super(TransformerDecoder, self).__init__()
        self.layers = LayerList([(decoder_layer if i == 0 else
                                type(decoder_layer)( ** decoder_layer._config))
                                  for i in range(num_layers)])
        self.num_layers = num_layers
        self.norm = norm

    def forward(self, tgt, memory, tgt_mask = None, memory_mask = None, cache = None):
        output = tgt
        new_caches = []
        for i, mod in enumerate(self.layers):
            if cache is None:
                output = mod(output,
                             memory,
                             tgt_mask = tgt_mask,
                             memory_mask = memory_mask,
                             cache = None)
            else:
                output, new_cache = mod(output,
                                        memory,
                                        tgt_mask = tgt_mask,
                                        memory_mask = memory_mask,
                                        cache = cache[i])
                new_caches.append(new_cache)

        if self.norm is not None:
            output = self.norm(output)
        return output if cache is None else (output, new_caches)
```

然后我们就可以利用定义好的 TransformerEncoder 类和 TransformerDecoder 类构建基于 Transformer 的自动文摘模型。首先进行超参数的定义,用于后续模型的设计与训练。

```
embedding_size = 128
hidden_size = 512
num_encoder_lstm_layers = 1
en_vocab_size = len(list(en_vocab))
epochs = 20
batch_size = 16
```

然后分别使用 TransformerEncoder 类和 TransformerDecoder 类定义 Encoder 端和 Decoder 端。

```
# Encoder 端定义
class Encoder(paddle.nn.Layer):
    def __init__(self,en_vocab_size, embedding_size,num_layers = 2,head_number = 2,middle_
units = 512):
        super(Encoder, self).__init__()
        self.emb = paddle.nn.Embedding(en_vocab_size, embedding_size,)
        encoder_layer = TransformerEncoderLayer(embedding_size, head_number, middle_units)
```

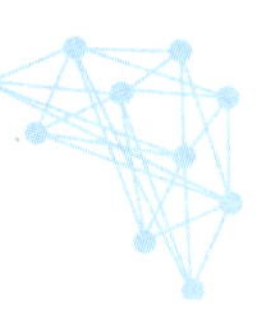

```
        self.encoder = TransformerEncoder(encoder_layer, num_layers)

    def forward(self, x):
        x = self.emb(x)
        en_out = self.encoder(x)
        return en_out

# Decoder 端定义
class Decoder(paddle.nn.Layer):
    def __init__(self, en_vocab_size, embedding_size, num_layers = 2, head_number = 2, middle_
units = 512):
        super(Decoder, self).__init__()
        self.emb = paddle.nn.Embedding(en_vocab_size, embedding_size)

        decoder_layer = TransformerDecoderLayer(embedding_size, head_number, middle_units)
        self.decoder = TransformerDecoder(decoder_layer, num_layers)

        self.outlinear = paddle.nn.Linear(embedding_size, en_vocab_size)

    def forward(self, x,  encoder_outputs):
        x = self.emb(x)

        de_out = self.decoder(x, encoder_outputs)
        output = self.outlinear(de_out)
        output = paddle.squeeze(output)
        return output
```

步骤 2：模型训练

模型训练依旧包含模型实例化、优化器定义、损失函数定义等几部分。

```
# 实例化编码器、解码器
encoder = Encoder(en_vocab_size, embedding_size)
decoder = Decoder(en_vocab_size, embedding_size)
# 优化器：同时优化编码器与解码器的参数
opt = paddle.optimizer.Adam(learning_rate = 0.00001,
                            parameters = encoder.parameters() + decoder.parameters())
# 开始训练
for epoch in range(epochs):
    print("epoch:{}".format(epoch))

    # 打乱训练数据顺序
    perm = np.random.permutation(len(train_en_sents))
    train_en_sents_shuffled = train_en_sents[perm]
    train_su_sents_shuffled = train_su_sents[perm]
train_su_label_sents_shuffled = train_su_label_sents[perm]

# 批量数据迭代
    for iteration in range(train_en_sents_shuffled.shape[0] // batch_size):
```

```
        x_data = train_en_sents_shuffled[(batch_size * iteration):(batch_size * (iteration + 1))]
        sent = paddle.to_tensor(x_data)
        # 编码器处理英文句子
        en_repr = encoder(sent)
        # 解码器端原始输入
        x_su_data = train_su_sents_shuffled[(batch_size * iteration):(batch_size *
(iteration + 1))]
        # 解码器端输出的标准答案,用于计算损失
        x_su_label_data = train_su_label_sents_shuffled[(batch_size * iteration):(batch_
size * (iteration + 1))]

        loss = paddle.zeros([1])
        # 逐步解码,每步解码一个词
        for i in range(su_length + 2):
            # 获取每步的输入以及输出的标准答案
            su_word = paddle.to_tensor(x_su_data[:,i:i + 1])
            su_word_label = paddle.to_tensor(x_su_label_data[:,i])
            # 解码器解码
            logits = decoder(su_word, en_repr)
            # 计算解码损失:交叉熵损失,解码的词是否正确
            step_loss = F.cross_entropy(logits, su_word_label)
            loss += step_loss
        # 计算平均损失
        loss = loss / (su_length + 2)
        if(iteration % 50 == 0):
            print("iter {}, loss:{}".format(iteration, loss.numpy()))
        # 反向传播,梯度更新
        loss.backward()
        opt.step()
        opt.clear_grad()
```

实践二十一：基于 ERNIE-GEN 的中文自动文摘

ERNIE-GEN 是面向生成任务的预训练-微调框架，首次在预训练阶段加入 span-by-span 生成任务，让模型每次能够生成一个语义完整的片段。在预训练和微调中通过填充式生成机制和噪声感知机制来缓解曝光偏差问题。此外，ERNIE-GEN 采用多片段-多粒度目标文本采样策略，增强源文本和目标文本的关联性，加强了编码器和解码器的交互。得益于以上策略，ERNIE-GEN 在多个生成任务中创造了最佳成绩。

步骤 1：中文新闻摘要数据准备

本次实践使用的是中文新闻摘要数据集，在这个数据集中每个文章和一个摘要配对。

此阶段将原始数据处理成模型可以读入的格式。ERNIE-GEN 的输入与 BERT 的输入类似，即包含 token 表示、片段表示以及掩码，需要准备切词器，将明文处理为相应的 id。PaddleNLP 内置了 ErnieTokenizer，通过调用其 encode 方法可以直接得到输入的 input_ids

和 segment_ids。

```
from copy import deepcopy
import numpy as np
from paddlenlp.transformers import ErnieTokenizer
tokenizer = ErnieTokenizer.from_pretrained("ernie-1.0")
# ERNIE-GEN 中填充了[ATTN] token 作为预测位,由于 ERNIE 1.0 没有这一 token,我们采用[MASK]作
# 为填充
attn_id = tokenizer.vocab['[MASK]']
tgt_type_id = 1
# 设置最大输入、输出长度
max_encode_len = 200
max_decode_len = 30
def convert_example(example):
    """convert an example into necessary features"""
    encoded_src = tokenizer.encode(
        example['tokens'], max_seq_len=max_encode_len, pad_to_max_seq_len=False)
    src_ids, src_sids = encoded_src["input_ids"], encoded_src["token_type_ids"]
    src_pids = np.arange(len(src_ids))

    encoded_tgt = tokenizer.encode(
        example['labels'],
        max_seq_len=max_decode_len,
        pad_to_max_seq_len=False)
    tgt_ids, tgt_sids = encoded_tgt["input_ids"], encoded_tgt[
        "token_type_ids"]
    tgt_ids = np.array(tgt_ids)
    tgt_sids = np.array(tgt_sids) + tgt_type_id
    tgt_pids = np.arange(len(tgt_ids)) + len(src_ids)
    attn_ids = np.ones_like(tgt_ids) * attn_id
    tgt_labels = tgt_ids
    return (src_ids, src_pids, src_sids, tgt_ids, tgt_pids, tgt_sids, attn_ids, tgt_labels)

# 将预处理逻辑作用于数据集
train_dataset = train_dataset.map(convert_example)
dev_dataset = dev_dataset.map(convert_example)
```

接下来需要组 batch,并准备 ERNIE-GEN 额外需要的 Attention Mask 矩阵。

```
from paddle.io import DataLoader
from paddlenlp.data import Stack, Tuple, Pad
def gen_mask(batch_ids, mask_type='bidi', query_len=None, pad_value=0):
    if query_len is None:
        query_len = batch_ids.shape[1]
    if mask_type != 'empty':
        mask = (batch_ids != pad_value).astype(np.float32)
        mask = np.tile(np.expand_dims(mask, 1), [1, query_len, 1])
        if mask_type == 'causal':
            assert query_len == batch_ids.shape[1]
            mask = np.tril(mask)
```

```
        elif mask_type == 'causal_without_diag':
            assert query_len == batch_ids.shape[1]
            mask = np.tril(mask, -1)
        elif mask_type == 'diag':
            assert query_len == batch_ids.shape[1]
            mask = np.stack([np.diag(np.diag(m)) for m in mask], 0)
    else:
        # mask_type == 'empty'
        mask = np.zeros_like(batch_ids).astype(np.float32)
        mask = np.tile(np.expand_dims(mask, 1), [1, query_len, 1])
    return mask
```

在 Transformer 内部，通过 Attention 掩码，从 T 的输入单词里面，也就是 Ti 的上文和下文单词中，随机选择 i－1 个，放到 Ti 的上文位置中，把其他单词的输入通过 Attention 掩码隐藏，于是就能够达成我们期望的目标。当然这个所谓的放到 Ti 的上文位置，只是一种形象的说法，其实在内部，就是通过 Attention Mask，把其他没有被选到的单词隐藏，不让它们在预测单词 Ti 的时候发生作用。

```
def after_padding(args):
    src_ids, src_pids, src_sids, tgt_ids, tgt_pids, tgt_sids, attn_ids, tgt_labels = args
    src_len = src_ids.shape[1]
    tgt_len = tgt_ids.shape[1]
    mask_00 = gen_mask(src_ids, 'bidi', query_len=src_len)
    mask_01 = gen_mask(tgt_ids, 'empty', query_len=src_len)
    mask_02 = gen_mask(attn_ids, 'empty', query_len=src_len)
    mask_10 = gen_mask(src_ids, 'bidi', query_len=tgt_len)
    mask_11 = gen_mask(tgt_ids, 'causal', query_len=tgt_len)
    mask_12 = gen_mask(attn_ids, 'empty', query_len=tgt_len)
    mask_20 = gen_mask(src_ids, 'bidi', query_len=tgt_len)
    mask_21 = gen_mask(tgt_ids, 'causal_without_diag', query_len=tgt_len)
    mask_22 = gen_mask(attn_ids, 'diag', query_len=tgt_len)
    mask_src_2_src = mask_00
    mask_tgt_2_srctgt = np.concatenate([mask_10, mask_11], 2)
    mask_attn_2_srctgtattn = np.concatenate([mask_20, mask_21, mask_22], 2)
    raw_tgt_labels = deepcopy(tgt_labels)
    tgt_labels = tgt_labels[np.where(tgt_labels != 0)]
    return (src_ids, src_sids, src_pids, tgt_ids, tgt_sids, tgt_pids, attn_ids,
            mask_src_2_src, mask_tgt_2_srctgt, mask_attn_2_srctgtattn,
            tgt_labels, raw_tgt_labels)

# 使用 fn 函数对 convert_example 返回的 sample 中对应位置的 ids 做 padding,之后调用 after_
# padding 构造 Attention Mask 矩阵
batchify_fn = lambda samples, fn=Tuple(
        Pad(axis=0, pad_val=tokenizer.pad_token_id),          # src_ids
        Pad(axis=0, pad_val=tokenizer.pad_token_id),          # src_pids
        Pad(axis=0, pad_val=tokenizer.pad_token_type_id),     # src_sids
        Pad(axis=0, pad_val=tokenizer.pad_token_id),          # tgt_ids
        Pad(axis=0, pad_val=tokenizer.pad_token_id),          # tgt_pids
        Pad(axis=0, pad_val=tokenizer.pad_token_type_id),     # tgt_sids
```

```
        Pad(axis = 0, pad_val = tokenizer.pad_token_id),          # attn_ids
        Pad(axis = 0, pad_val = tokenizer.pad_token_id),          # tgt_labels
    ): after_padding(fn(samples))

batch_size = 16

train_data_loader = DataLoader(
        dataset = train_dataset,
        batch_size = batch_size,
        shuffle = True,
        collate_fn = batchify_fn,
        return_list = True)

dev_data_loader = DataLoader(
        dataset = dev_dataset,
        batch_size = batch_size,
        shuffle = False,
        collate_fn = batchify_fn,
        return_list = True)
```

步骤 2：模型训练

在训练开始之前，首先定义优化器，并设置学习率先升后降，让模型具备更好的收敛性。

```
num_epochs = 5
learning_rate = 2e-5
warmup_proportion = 0.1
weight_decay = 0.1

max_steps = (len(train_data_loader) * num_epochs)
lr_scheduler = paddle.optimizer.lr.LambdaDecay(
    learning_rate,
    lambda current_step, num_warmup_steps = max_steps * warmup_proportion,
    num_training_steps = max_steps: float(
        current_step) / float(max(1, num_warmup_steps))
    if current_step < num_warmup_steps else max(
        0.0,
        float(num_training_steps - current_step) / float(
            max(1, num_training_steps - num_warmup_steps))))

optimizer = paddle.optimizer.AdamW(
    learning_rate = lr_scheduler,
    parameters = model.parameters(),
    weight_decay = weight_decay,
    grad_clip = nn.ClipGradByGlobalNorm(1.0),
    apply_decay_param_fun = lambda x: x in [
        p.name for n, p in model.named_parameters()
        if not any(nd in n for nd in ["bias", "norm"])
])
```

一切准备就绪后，就可以将数据输入模型，通过前向计算-反向传播不断更新模型参数。在训练过程中可以使用 PaddleNLP 提供的 logger 对象，输出带时间信息的日志。

```
from paddlenlp.utils.log import logger
global_step = 1
logging_steps = 100
save_steps = 1000
output_dir = "save_dir"
tic_train = time.time()
for epoch in range(num_epochs):
    for step, batch in enumerate(train_data_loader, start=1):
        (src_ids, src_sids, src_pids, tgt_ids, tgt_sids, tgt_pids, attn_ids,
            mask_src_2_src, mask_tgt_2_srctgt, mask_attn_2_srctgtattn,
            tgt_labels, _) = batch
        # import pdb; pdb.set_trace()
        _, __, info = model(
            src_ids,
            sent_ids=src_sids,
            pos_ids=src_pids,
            attn_bias=mask_src_2_src,
            encode_only=True)
        cached_k, cached_v = info['caches']
        _, __, info = model(
            tgt_ids,
            sent_ids=tgt_sids,
            pos_ids=tgt_pids,
            attn_bias=mask_tgt_2_srctgt,
            past_cache=(cached_k, cached_v),
            encode_only=True)
        cached_k2, cached_v2 = info['caches']
        past_cache_k = [
            paddle.concat([k, k2], 1) for k, k2 in zip(cached_k, cached_k2)
        ]
        past_cache_v = [
            paddle.concat([v, v2], 1) for v, v2 in zip(cached_v, cached_v2)
        ]
        loss, _, __ = model(
            attn_ids,
            sent_ids=tgt_sids,
            pos_ids=tgt_pids,
            attn_bias=mask_attn_2_srctgtattn,
            past_cache=(past_cache_k, past_cache_v),
            tgt_labels=tgt_labels,
            tgt_pos=paddle.nonzero(attn_ids == attn_id))

        if global_step % logging_steps == 0:
            logger.info(
                "global step %d, epoch: %d, batch: %d, loss: %f, speed: %.2f step/s, lr: %.3e"
                % (global_step, epoch, step, loss, logging_steps /
```

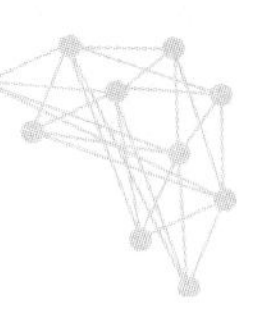

```
                (time.time() - tic_train), lr_scheduler.get_lr()))
            tic_train = time.time()

        loss.backward()
        optimizer.step()
        lr_scheduler.step()
        optimizer.clear_gradients()
        if global_step % save_steps == 0:
            output_dir = os.path.join(output_dir, "model_%d" % global_step)
            if not os.path.exists(output_dir):
                os.makedirs(output_dir)
            model.save_pretrained(output_dir)
            tokenizer.save_pretrained(output_dir)
        global_step += 1
```

ERNIE-GEN 采用填充生成的方式进行预测，在解码的时候我们需要实现这一方法。在这里我们采用贪心搜索的方式进行解码，如 beam search 方法。

```
def gen_bias(encoder_inputs, decoder_inputs, step):
    decoder_bsz, decoder_seqlen = decoder_inputs.shape[:2]
    encoder_bsz, encoder_seqlen = encoder_inputs.shape[:2]
    attn_bias = paddle.reshape(
        paddle.arange(
            0, decoder_seqlen, 1, dtype='float32') + 1, [1, -1, 1])
    decoder_bias = paddle.cast(
        (paddle.matmul(
            attn_bias, 1. / attn_bias, transpose_y=True) >= 1.),
        'float32')  #[1, decoderlen, decoderlen]
    encoder_bias = paddle.unsqueeze(
        paddle.cast(paddle.ones_like(encoder_inputs), 'float32'),
        [1])  #[bsz, 1, encoderlen]
    encoder_bias = paddle.expand(
        encoder_bias, [encoder_bsz, decoder_seqlen,
                       encoder_seqlen])      #[bsz,decoderlen, encoderlen]
    decoder_bias = paddle.expand(
        decoder_bias, [decoder_bsz, decoder_seqlen,
                       decoder_seqlen])      #[bsz, decoderlen, decoderlen]
    if step > 0:
        bias = paddle.concat([
            encoder_bias, paddle.ones([decoder_bsz, decoder_seqlen, step],
                                      'float32'), decoder_bias], -1)
    else:
        bias = paddle.concat([encoder_bias, decoder_bias], -1)
    return bias

@paddle.no_grad()
def greedy_search_infilling(model, q_ids, q_sids, sos_id,
                            eos_id, attn_id, pad_id, unk_id,
                            vocab_size, max_encode_len=640,
                            max_decode_len=100,
```

```
                                tgt_type_id = 3):
    _, logits, info = model(q_ids, q_sids)
    d_batch, d_seqlen = q_ids.shape
    seqlen = paddle.sum(paddle.cast(q_ids != 0, 'int64'), 1, keepdim = True)
    has_stopped = np.zeros([d_batch], dtype = np.bool)
    gen_seq_len = np.zeros([d_batch], dtype = np.int64)
    output_ids = []

    past_cache = info['caches']

    cls_ids = paddle.ones([d_batch], dtype = 'int64') * sos_id
    attn_ids = paddle.ones([d_batch], dtype = 'int64') * attn_id
    ids = paddle.stack([cls_ids, attn_ids], -1)
    for step in range(max_decode_len):
        bias = gen_bias(q_ids, ids, step)
        pos_ids = paddle.to_tensor(
            np.tile(
                np.array(
                    [[step, step + 1]], dtype = np.int64), [d_batch, 1]))
        pos_ids += seqlen
        _, logits, info = model(
            ids,
            paddle.ones_like(ids) * tgt_type_id,
            pos_ids = pos_ids,
            attn_bias = bias,
            past_cache = past_cache)

        if logits.shape[-1] > vocab_size:
            logits[:, :, vocab_size:] = 0
            logits[:, :, pad_id] = 0
            logits[:, :, unk_id] = 0
            logits[:, :, attn_id] = 0

        gen_ids = paddle.argmax(logits, -1)

        past_cached_k, past_cached_v = past_cache
        cached_k, cached_v = info['caches']
        cached_k = [
            paddle.concat([pk, k[:, :1, :]], 1)
            for pk, k in zip(past_cached_k, cached_k)
        ]  # concat cached
        cached_v = [
            paddle.concat([pv, v[:, :1, :]], 1)
            for pv, v in zip(past_cached_v, cached_v)
        ]
        past_cache = (cached_k, cached_v)

        gen_ids = gen_ids[:, 1]
        ids = paddle.stack([gen_ids, attn_ids], 1)
```

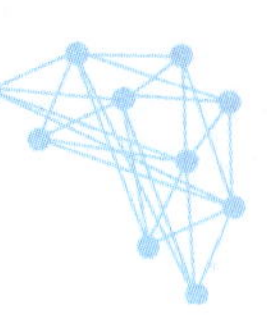

```
        gen_ids = gen_ids.numpy()
        has_stopped |= (gen_ids == eos_id).astype(np.bool)
        gen_seq_len += (1 - has_stopped.astype(np.int64))
        output_ids.append(gen_ids.tolist())
        if has_stopped.all():
            break
    output_ids = np.array(output_ids).transpose([1, 0])
    return output_ids
```

步骤 3：中文摘要评估预测

评估阶段会调用解码逻辑进行解码，然后计算预测结果的得分衡量模型效果。paddlenlp.metrics 中包含了 Rouge1、Rouge2 等指标，在这里我们选用 Rouge1 对模型生成的结果进行评价。

```
from tqdm import tqdm
from paddlenlp.metrics import Rouge1

rouge1 = Rouge1()

vocab = tokenizer.vocab
eos_id = vocab[tokenizer.sep_token]
sos_id = vocab[tokenizer.cls_token]
pad_id = vocab[tokenizer.pad_token]
unk_id = vocab[tokenizer.unk_token]
vocab_size = len(vocab)

evaluated_sentences_ids = []
reference_sentences_ids = []

logger.info("Evaluating...")
model.eval()
for data in tqdm(dev_data_loader):
    (src_ids, src_sids, src_pids, _, _, _, _, _, _,
        raw_tgt_labels) = data  # never use target when infer
    output_ids = greedy_search_infilling(
        model,
        src_ids,
        src_sids,
        eos_id=eos_id,
        sos_id=sos_id,
        attn_id=attn_id,
        pad_id=pad_id,
        unk_id=unk_id,
        vocab_size=vocab_size,
        max_decode_len=max_decode_len,
        max_encode_len=max_encode_len,
        tgt_type_id=tgt_type_id)
```

```
    for ids in output_ids.tolist():
        if eos_id in ids:
            ids = ids[:ids.index(eos_id)]
        evaluated_sentences_ids.append(ids)

    for ids in raw_tgt_labels.numpy().tolist():
        ids = ids[1:ids.index(eos_id)]
        reference_sentences_ids.append(ids)

score = rouge1.score(evaluated_sentences_ids, reference_sentences_ids)

logger.info("Rouge-1: %.5f" % (score * 100))
```

第 7 章　机器阅读理解

机器阅读理解(Machine Reading Comprehension,MRC)是一项基于文本的问答任务(Text-QA),也是非常重要和经典的自然语言处理任务之一。机器阅读理解旨在对自然语言文本进行语义理解和推理,并以此完成一些下游的任务。

机器阅读理解可以形式化为:给定一个问句,以及对应的一个或多个文本段落,通过学习一个模型,使得其可以返回一个具体的答案。根据具体下游任务的不同,输出也有所不同,通常机器阅读理解包含如下几个任务:①是非问答:即回答类型为 yes 或 no,通常属于一个二分类的任务;②选择式问答:类似于选择题,此时模型的输入除了问句和文本外,也会给定候选的答案,此时模型的输出可以为得分,并当作一个排序类问题,当为单选时,只取 Top1 的得分;否则可以设置阈值来进行多选;③区间查找:此时标准答案出现在文本内,即答案是文档内的某一个区间,因此任务可以视为两阶段的多类分类,即两阶段分别预测 start 和 end 位置的概率分布;④生成式问答:该类是最为复杂的任务,即完全由模型生成答案,任务可以定义为文本生成(与机器翻译类似)的任务。各类任务举例如表 7.1 所示。

表 7.1　各类任务举例

类　型	上下文	问　题	候选答案	答　案
是非问答	小明的爸爸在一所学校教英语	小明的爸爸是老师吗	—	是
选择式问答	小明的爸爸在一所学校教英语	小明的爸爸是一名什么老师	A. 英语 B. 语文 C. 数学 D. 物理	A. 英语
区间查找	小明身高 160cm,体重 50kg	小明身高多少	—	160cm
生成式问答	小明喜欢吃水果,喜欢打篮球,并且热爱公益	小明喜欢做什么	—	吃水果、打篮球、做公益

实践二十二:基于 SQuAD 的机器阅读理解

斯坦福问答数据集(SQuAD)是一个阅读理解数据集,由维基百科的一系列文章中提出的问题及答案组成,其中每个问题的答案要么对应阅读段落中的一段文本或片段,要么没有答案,该数据集的数据形式如下:

```
id : 57265360dd62a815002e819a
context : Although lacking historical connections to the Middle East, Japan was the country most dependent on Arab oil.
71% of its imported oil came from the Middle East in 1970. On November 7, 1973, the Saudi and Kuwaiti governments decla
red Japan a "nonfriendly" country to encourage it to change its noninvolvement policy. It received a 5% production cut
in December, causing a panic. On November 22, Japan issued a statement "asserting that Israel should withdraw from all
of the 1967 territories, advocating Palestinian self-determination, and threatening to reconsider its policy toward Isr
ael if Israel refused to accept these preconditions". By December 25, Japan was considered an Arab-friendly state.
question : Which country is the most dependent on Arab oil?
answer : Japan
s_idx : 60
e_idx : 65
```

本实践内容在该数据集上进行实验，并且使用预训练语言模型进行微调，训练适用于本数据集的新模型。预训练语言模型近年来在NLP的各项任务中都表现出色，PaddleNLP中实现了多种预训练模型，并且包含专门针对阅读理解的预训练模型。为什么要使用预训练模型？预训练模型采用了更大的模型参数量，更加复杂的模型结构，在更大规模的数据集上进行自监督训练。通过训练得到的参数学习到了更多的知识或常识，这些知识经过迁移应用于其他下游任务上，能够很大程度提升下游任务的性能。知识从大规模数据迁移至小规模领域任务中的过程叫作微调，即使用小的领域数据集对大规模预训练好的模型进行略微的参数调整，这样得到的模型不仅融合了更普遍的知识，也学习到了本领域任务的信息，且具有更强的泛化能力。

本质上，抽取式机器阅读理解的关键输入为上下文与问题，预训练模型在处理配对文本时，统一将配对文本进行拼接，并且通过特定的向量来区分两个配对的文本，此处也是同样的处理，首先将文本输入设置为［问题，SEP，上下文］的形式，然后通过0向量来标识问题部分，1向量表示上下文部分，达到问题与上下文的区分。将设置好的指定格式的数据输入预训练模型中，获得文本表示，然后对文本表示进行两次分类，分别获得答案的开始位置与结束位置的概率分布。

在SQuAD数据集上，本实践使用BERT预训练语言模型进行微调，实现抽取式机器阅读理解。本实践代码运行的环境配置如下：Python版本为3.7，PaddlePaddle版本为2.0.0，操作平台为AI Studio。

步骤1：机器阅读数据处理

机器阅读理解中的长度限制问题：由于机器阅读理解任务很多篇章都会超过预训练模型的最大长度限制，如BERT模型单条最大处理文本长度为512个字符，因此绝大多数情况下需要做截断或者更换模型结构等操作，本实践使用滑动窗口方式来解决长度问题。由于预训练模型单次能处理的最大文本长度一定，当输入序列大于这个长度时，设定一个滑动窗口，将超过最大长度的输入序列进行分段，在第二段保留滑动窗口大小的文本长度以便于模型能连续处理上下文信息，不至于把段落信息完全分开，在最终答案选择的时候，选择在包含最大上下文的序列中输出答案。滑动窗口生成输入特征的过程如图7.1所示，注意，需要设置超参数doc_stride来规定每次滑动的距离。

(1) 处理训练数据特征，训练数据中已知答案的起始位置与结束位置，而测试数据中不包含答案的信息，因此可分开处理训练与测试数据的特征格式。首先使用tokenizer将两个拼接的文本对进行分词、转化字典下标、token类型标识等操作，然后使用滑动窗口处理答案不在指定文本范围内的问题，获得每个样本输入特征如下格式：

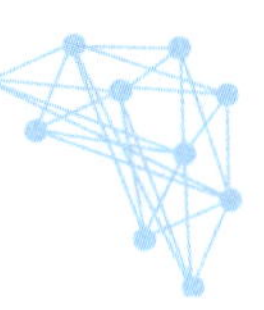

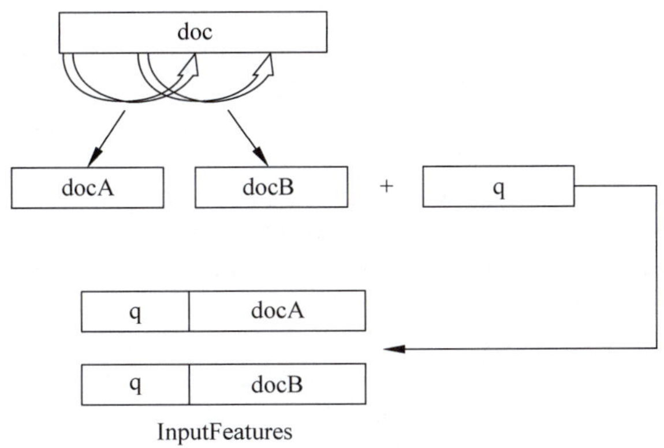

图 7.1　机器阅读理解

- input_ids：表示输入文本的 token ID；
- token_type_ids：表示对应的 token 属于输入的问题还是答案（Transformer 类预训练模型支持单句以及句对输入）；
- overflow_to_sample：特征对应的 example 的编号；
- offset_mapping：每个 token 的起始字符和结束字符在原文中对应的 index（用于生成答案文本）；
- start_positions：答案在这个特征中的开始位置；
- end_positions：答案在这个特征中的结束位置。

```
def prepare_train_features(examples, tokenizer):
    contexts = [examples[i]['context'] for i in range(len(examples))]
    questions = [examples[i]['question'] for i in range(len(examples))]
    tokenized_examples = tokenizer(
        questions,
        contexts,
        stride = doc_stride,
        max_seq_len = max_seq_length)
     for i, tokenized_example in enumerate(tokenized_examples):
        input_ids = tokenized_example["input_ids"]
        cls_index = input_ids.index(tokenizer.cls_token_id)
        offsets = tokenized_example['offset_mapping']
        sequence_ids = tokenized_example['token_type_ids']
        sample_index = tokenized_example['overflow_to_sample']
        answers = examples[sample_index]['answers']
        answer_starts = examples[sample_index]['answer_starts']
        if len(answer_starts) == 0:
            tokenized_examples[i]["start_positions"] = cls_index
            tokenized_examples[i]["end_positions"] = cls_index
        else:
            start_char = answer_starts[0]
            end_char = start_char + len(answers[0])
            token_start_index = 0
            while sequence_ids[token_start_index] != 1:
```

```
                token_start_index += 1
            token_end_index = len(input_ids) - 1
            while sequence_ids[token_end_index] != 1:
                token_end_index -= 1
            token_end_index -= 1
            if not (offsets[token_start_index][0] <= start_char and
                    offsets[token_end_index][1] >= end_char):
                tokenized_examples[i]["start_positions"] = cls_index
                tokenized_examples[i]["end_positions"] = cls_index
            else:
                while token_start_index < len(offsets) and offsets[
                        token_start_index][0] <= start_char:
                    token_start_index += 1
                tokenized_examples[i]["start_positions"] = token_start_index - 1
                while offsets[token_end_index][1] >= end_char:
                    token_end_index -= 1
                tokenized_examples[i]["end_positions"] = token_end_index + 1
    return tokenized_examples
```

(2) 处理测试数据的特征，测试数据不包含答案，因此处理后，每个样本包含如下特征：

- input_ids：表示输入文本的 token ID；
- token_type_ids：表示对应的 token 属于输入的问题还是答案(Transformer 类预训练模型支持单句以及句对输入)；
- overflow_to_sample：特征对应的 example 的编号；
- offset_mapping：每个 token 的起始字符和结束字符在原文中对应的 index(用于生成答案文本)。

```
def prepare_validation_features(examples, tokenizer):
    contexts = [examples[i]['context'] for i in range(len(examples))]
    questions = [examples[i]['question'] for i in range(len(examples))]
    tokenized_examples = tokenizer(
        questions,
        contexts,
        stride=doc_stride,
        max_seq_len=max_seq_length)
    for i, tokenized_example in enumerate(tokenized_examples):
        sequence_ids = tokenized_example['token_type_ids']
        sample_index = tokenized_example['overflow_to_sample']
        tokenized_examples[i]["example_id"] = examples[sample_index]['id']
        tokenized_examples[i]["offset_mapping"] = [
            (o if sequence_ids[k] == 1 else None)
            for k, o in enumerate(tokenized_example["offset_mapping"]) ]
    return tokenized_examples
```

(3) 生成训练数据加载器，若指定数据文件路径，则直接从文件中加载；否则，从 paddlenlp. datasets 中加载内置的数据集 squad，并且选择数据的版本，其中，map(func)函数对所有样本分别执行 func 变换函数，partial(func, * paras)为指定函数 func()固定器，部分参数为 * paras，batchify_fn 函数对批量数据进行堆叠整合，形成张量，DataLoader 将数据封

装为批量可迭代的数据形式，用于后续的训练：

```
if train_file:
    train_ds = load_dataset('squad', data_files = train_file)
elif version_2_with_negative:
    train_ds = load_dataset('squad', splits = 'train_v2')
else:
    train_ds = load_dataset('squad', splits = 'train_v1')
train_ds.map(partial(
    prepare_train_features, tokenizer = tokenizer),
                batched = True)
train_batch_sampler = paddle.io.DistributedBatchSampler(
    train_ds, batch_size = batch_size, shuffle = True)
train_batchify_fn = lambda samples, fn = Dict({
    "input_ids": Pad(axis = 0, pad_val = tokenizer.pad_token_id),
    "token_type_ids": Pad(axis = 0, pad_val = tokenizer.pad_token_type_id),
    "start_positions": Stack(dtype = "int64"),
    "end_positions": Stack(dtype = "int64")
}): fn(samples)
train_data_loader = DataLoader(
    dataset = train_ds,
    batch_sampler = train_batch_sampler,
    collate_fn = train_batchify_fn,
    return_list = True)
```

(4) 生成测试数据加载器，同样可指定数据的加载源：

```
if predict_file:
    dev_ds = load_dataset('squad', data_files = predict_file)
elif version_2_with_negative:
    dev_ds = load_dataset('squad', splits = 'dev_v2')
else:
dev_ds = load_dataset('squad', splits = 'dev_v1')
# dev_ds_ini 保存原始文本，留作预测时使用
dev_ds_ini = [{'question':dev_ds[i]['question'],'context':dev_ds[i]['context']} for i in range
(len(dev_ds))]
dev_ds.map(partial(
    prepare_validation_features, tokenizer = tokenizer),
            batched = True)
dev_batch_sampler = paddle.io.BatchSampler(
    dev_ds, batch_size = batch_size, shuffle = False)
dev_batchify_fn = lambda samples, fn = Dict({
    "input_ids": Pad(axis = 0, pad_val = tokenizer.pad_token_id),
    "token_type_ids": Pad(axis = 0, pad_val = tokenizer.pad_token_type_id)
}): fn(samples)
dev_data_loader = DataLoader(
    dataset = dev_ds,
    batch_sampler = dev_batch_sampler,
    collate_fn = dev_batchify_fn,
    return_list = True)
```

步骤 2：BERT 模型配置

本实践使用 BERT 预训练模型进行微调，该模型对应 PaddleNLP 中的 BertForQuestionAnswering 模型，与 BERT 关联的 Tokenizer 为 BertTokenizer，此处我们使用 $\text{BERT}_{\text{base}}$ 模型进行微调，并且对所有英文字母都进行小写处理，调用 model_class. from_pretrained(model_name_or_path)时，若本地没有下载预训练的参数，会首先下载参数：

```
model_type = "bert"
model_name_or_path = "bert - base - uncased"
MODEL_CLASSES = {
    "bert": (BertForQuestionAnswering, BertTokenizer)}
model_class, tokenizer_class = MODEL_CLASSES[model_type]
tokenizer = tokenizer_class.from_pretrained(model_name_or_path) model = model_class.from_
pretrained(model_name_or_path)
```

步骤 3：模型训练

（1）定义损失函数：本实践本质上是两个多分类任务，因此，使用交叉熵损失函数进行计算，由于存在两个分类结果，因此自定义一个 CrossEntropyLossForSQuAD 类，来计算两个分类损失的平均损失值：

```
class CrossEntropyLossForSQuAD(paddle.nn.Layer):
    def __init__(self):
        super(CrossEntropyLossForSQuAD, self).__init__()
    def forward(self, y, label):
        start_logits, end_logits = y
        start_position, end_position = label
        start_position = paddle.unsqueeze(start_position, axis = - 1)
        end_position = paddle.unsqueeze(end_position, axis = - 1)
        start_loss = paddle.nn.functional.softmax_with_cross_entropy(
            logits = start_logits, label = start_position, soft_label = False)
        start_loss = paddle.mean(start_loss)
        end_loss = paddle.nn.functional.softmax_with_cross_entropy(
            logits = end_logits, label = end_position, soft_label = False)
        end_loss = paddle.mean(end_loss)
        loss = (start_loss + end_loss) / 2
        return loss
criterion = CrossEntropyLossForSQuAD()
```

（2）定义优化器：在本次实践中，使用权重衰减以及学习率衰减策略，权重衰减类似于正则项策略，避免模型的过拟合，而学习率衰减在训练过程中，根据模型性能动态地调整模型的学习率，加速收敛至（局部）最优值：

```
lr_scheduler = LinearDecayWithWarmup(
            learning_rate, num_training_steps, warmup_proportion)
        decay_params = [
            p.name for n, p in model.named_parameters()
```

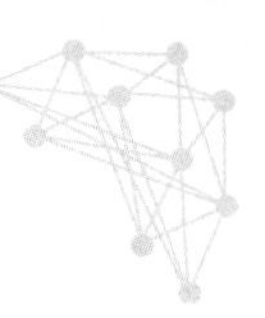

```
            if not any(nd in n for nd in ["bias", "norm"])
        ]
        optimizer = paddle.optimizer.AdamW(
            learning_rate = lr_scheduler,
            epsilon = adam_epsilon,
            parameters = model.parameters(),
            weight_decay = weight_decay,
            apply_decay_param_fun = lambda x: x in decay_params)
```

（3）训练模型：定义好损失函数及优化器后，依次从数据加载器中读取数据，进行批量数据前向计算及反向梯度更新：

```
global_step = 0
batch_size = 32
learning_rate = 3e-5
weight_decay = 0.01
adam_epsilon = 1e-8
num_train_epochs = 5
warmup_proportion = 0.1
logging_steps = 100
device = "gpu"
tic_train = time.time()
for epoch in range(num_train_epochs):
    for step, batch in enumerate(train_data_loader):
        global_step += 1
        input_ids, token_type_ids, start_positions, end_positions = batch
        logits = model(
            input_ids = input_ids, token_type_ids = token_type_ids)
        loss = criterion(logits, (start_positions, end_positions))
        if global_step % logging_steps == 0:
            print("global step %d, epoch: %d, batch: %d, loss: %f, speed: %.2f step/s" %
(global_step, epoch + 1, step + 1, loss, logging_steps / (time.time() - tic_train)))
            tic_train = time.time()
        loss.backward()
        optimizer.step()
        lr_scheduler.step()
        optimizer.clear_grad()
```

训练过程的部分输出如下：

```
global step 100, epoch: 1, batch: 100, loss: 5.253086, speed: 1.66 step/s
global step 200, epoch: 1, batch: 200, loss: 3.979927, speed: 1.65 step/s
global step 300, epoch: 1, batch: 300, loss: 2.842123, speed: 1.61 step/s
global step 400, epoch: 1, batch: 400, loss: 2.020808, speed: 1.59 step/s
global step 500, epoch: 1, batch: 500, loss: 1.572973, speed: 1.62 step/s
global step 600, epoch: 1, batch: 600, loss: 1.713868, speed: 1.64 step/s
global step 700, epoch: 1, batch: 700, loss: 1.524494, speed: 1.63 step/s
global step 800, epoch: 1, batch: 800, loss: 1.907251, speed: 1.63 step/s
global step 900, epoch: 1, batch: 900, loss: 1.641989, speed: 1.60 step/s
global step 1000, epoch: 1, batch: 1000, loss: 1.503891, speed: 1.60 step/s
global step 1100, epoch: 1, batch: 1100, loss: 1.193373, speed: 1.58 step/s
global step 1200, epoch: 1, batch: 1200, loss: 1.534757, speed: 1.62 step/s
global step 1300, epoch: 1, batch: 1300, loss: 1.504943, speed: 1.60 step/s
global step 1400, epoch: 1, batch: 1400, loss: 1.311733, speed: 1.63 step/s
global step 1500, epoch: 1, batch: 1500, loss: 1.090882, speed: 1.62 step/s
```

步骤 4：模型评估

模型训练结束后，可在验证集或测试集上测试模型的性能，对于验证集的数据，输入模型中获得所有输出结果后，可以使用 paddlenlp. metrics. squad. compute_prediction()函数，该函数用于生成答案格式，即(样本 id，生成的答案)，而 paddlenlp. metrics. squad. squad_evaluate()用于返回评价指标，二者适用于所有符合 squad 数据格式的答案抽取任务，这类任务使用 F1 和 exact 来评估预测的答案和真实答案的相似程度：

```
def evaluate(model):
    model.eval()
    all_start_logits = []
    all_end_logits = []
    tic_eval = time.time()
    for batch in dev_data_loader:
        input_ids, token_type_ids = batch
        start_logits_tensor, end_logits_tensor = model(input_ids, token_type_ids)
        for idx in range(start_logits_tensor.shape[0]):
            if len(all_start_logits) % 1000 == 0 and len(all_start_logits):
                print("Processing example: %d" % len(all_start_logits))
                print('time per 1000:', time.time() - tic_eval)
                tic_eval = time.time()
            all_start_logits.append(start_logits_tensor.numpy()[idx])
            all_end_logits.append(end_logits_tensor.numpy()[idx])
    all_predictions, all_nbest_json, scores_diff_json = compute_prediction(
        dev_data_loader.dataset.data, dev_data_loader.dataset.new_data,
        (all_start_logits, all_end_logits), version_2_with_negative,
         n_best_size, max_answer_length,
         null_score_diff_threshold)
    with open('prediction.json', "w", encoding = 'utf - 8') as writer:
        writer.write(
            json.dumps(
                all_predictions, ensure_ascii = False, indent = 4) + "\n")
    squad_evaluate(
        examples = dev_data_loader.dataset.data,
        preds = all_predictions,
        na_probs = scores_diff_json)
    model.train()
return dev_ds,dev_data_loader
dev_ds,dev_data_loader = evaluate(model)
```

验证输出结果如下：

```
{
  "exact": 79.72563859981078,
  "f1": 87.58484804078702,
  "total": 10570,
  "HasAns_exact": 79.72563859981078,
  "HasAns_f1": 87.58484804078702,
  "HasAns_total": 10570
}
```

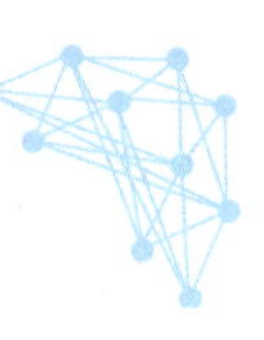

步骤 5：模型测试

```
@paddle.no_grad()
def predict(model, data_loader,data_ds ):
    model.eval()
    all_start_logits = []
    all_end_logits = []
    tic_eval = time.time()
    for batch in data_loader:
        input_ids, token_type_ids = batch
        start_logits_tensor, end_logits_tensor = model(input_ids, token_type_ids)
        for idx in range(start_logits_tensor.shape[0]):
            if len(all_start_logits) % 1000 == 0 and len(all_start_logits):
                print("Processing example: %d" % len(all_start_logits))
                print('time per 1000:', time.time() - tic_eval)
                tic_eval = time.time()
            all_start_logits.append(start_logits_tensor.numpy()[idx])
            all_end_logits.append(end_logits_tensor.numpy()[idx])
       all_predictions, all_nbest_json, scores_diff_json = compute_prediction(
        data_loader.dataset.data, data_loader.dataset.new_data,
        (all_start_logits, all_end_logits), version_2_with_negative,
         n_best_size, max_answer_length,
         null_score_diff_threshold)
    for i in range(5):
        print("文本：",data_ds[i]['context'])
        print('问题：',data_ds[i]['question'])
        print('预测结果：',all_predictions[i])
predict(model, dev_data_loader, dev_ds_ini)
```

实践二十三：基于 Bi-DAF 的机器阅读理解

BiDAF(Bi-Directional Attention Flow for Machine Comprehension)，是面向机器阅读理解的双向注意力流方法，该方法采用多阶段的、层次化处理，使得可以捕获原文不同粒度的特征，同时使用双向的注意力流机制，在没有前期知识总结的情况下获得相关问句和原文之间的表征。BIDAF 的方法框架如图 7.2 所示。

该模型是一个分阶段的多层过程，由 6 层网络组成：

(1) 字符嵌入层：用字符级 CNNs 将每个字映射到向量空间(由于本文在中文数据集上进行实践，因此该模块在后续实验中会省略)；

(2) 字嵌入层：利用预训练的词嵌入模型，将每个字映射到向量空间，本实践中，在训练模型的过程中，同时训练词向量表示；

(3) 上下文嵌入层：使用 LSTM 模型，对上下文进行编码，获得上下文中每个词的全局语义表示；

(4) 注意力流层：将问句向量和原文向量进行耦合，并为原文中每个词生成一个问句相关的特征向量表示；

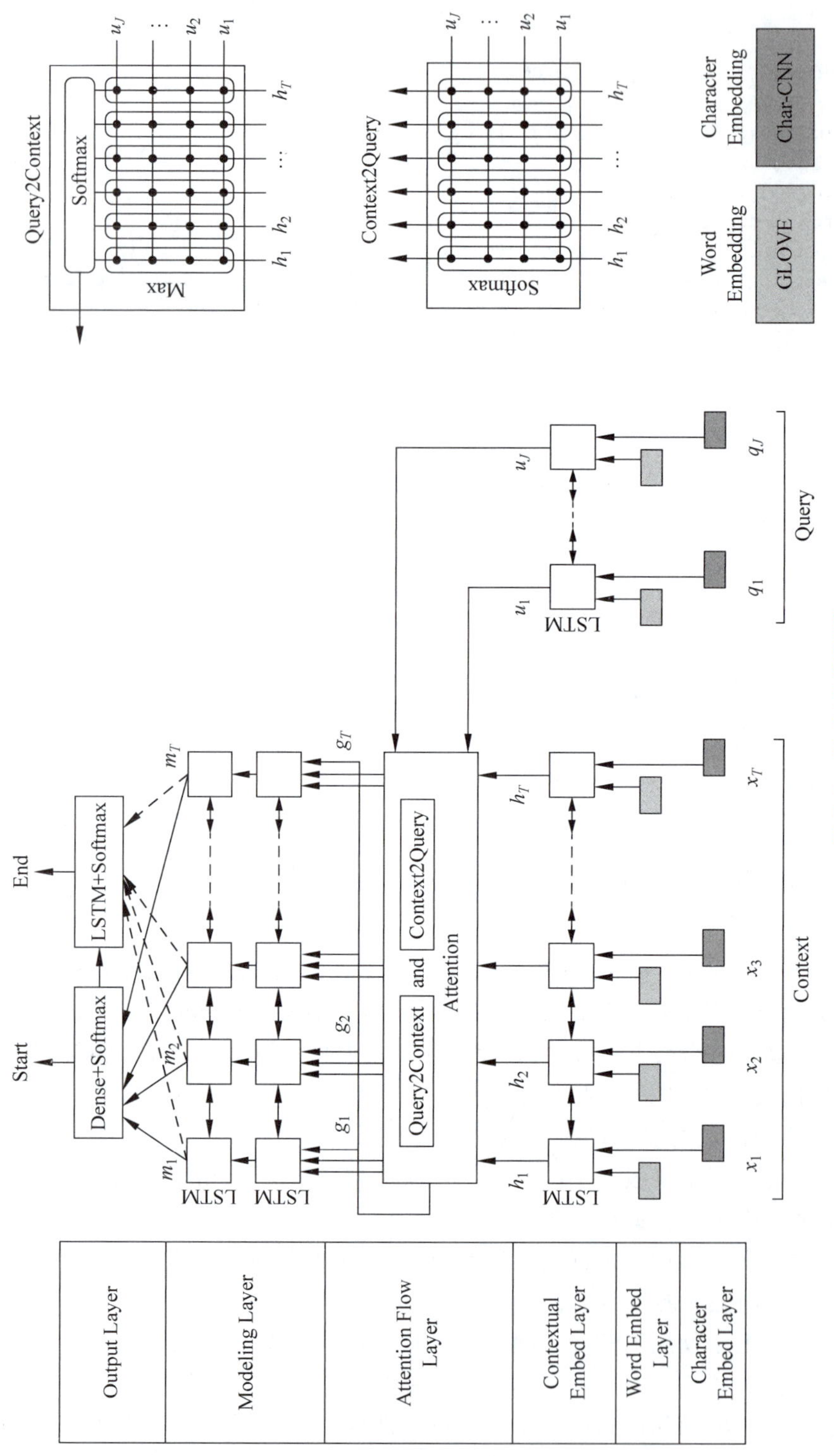

图 7.2 Bi-DAF 模型图

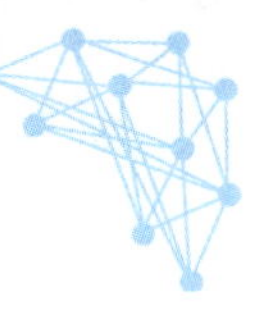

（5）建模层：使用 LSTM 以扫描整个原文；

（6）输出层：输出问句对应回答在上下文中的开始与结束位置。

下面，我们介绍如何构建一个 BiDAF 模型，实现抽取式机器阅读理解。本实践代码运行的环境配置如下：Python 版本为 3.7，PaddlePaddle 版本为 2.0.0，操作平台为 AI Studio。

步骤 1：DuReader 数据处理

本实践使用的数据集是 $\text{DuReader}_{\text{robust}}$，对于一个给定的问题 q 和一个篇章 p，根据篇章内容，给出该问题的答案 a。数据集中的每个样本是一个三元组< q,p,a >，如下例子：

问题 q：乔丹打了多少个赛季

篇章 p：迈克尔.乔丹在 NBA 打了 15 个赛季。他在 84 年进入 NBA，期间在 1993 年 10 月 6 日第一次退役改打棒球，95 年 3 月 18 日重新回归，在 99 年 1 月 13 日第二次退役，后于 2001 年 10 月 31 日复出，在 03 年最终退役……

参考答案 a：[‘15 个’，‘15 个赛季’]

（1）数据集加载：使用 PaddleNLP 提供的 load_dataset API，即可一键完成 DuReader 数据集加载：

```
from paddlenlp.datasets import load_dataset
train_ds, dev_ds, test_ds = load_dataset('dureader_robust', splits=('train', 'dev', 'test'))
for idx in range(2):
    print(train_ds[idx]['question'])
    print(train_ds[idx]['context'])
    print(train_ds[idx]['answers'])
    print(train_ds[idx]['answer_starts'])
```

数据集中的数据格式如下：

```
仙剑奇侠传3第几集上天界
第35集雪见缓缓张开眼睛，景天又惊又喜之际，长卿和紫萱的仙船驶至，见众人无恙，也十分高兴。众人登船，用尽合力把自身的真气和水分输给她。雪见终于醒过来了，但却一脸木然，全无反应。众人向常胤求助，却发现人世界竟没有雪见的身世纪录。长卿询问清微的身世，清微语带双关说一切上了天界便有答案。长卿驾驶仙船，众人决定立马动身，往天界而去。众人来到一荒山，长卿指出，魔界和天界相连。由魔界进入通过神魔之井，便可登天。众人至魔界入口，仿若一黑色的蝙蝠洞，但始终无法进入。后来花楹发现只要有翅膀便能飞入。于是景天等人打下许多乌鸦，模仿重楼的翅膀，制作数对翅膀状巨物。刚佩戴在身，便被吸入洞口。众人摔落在地，抬头发现魔界守卫。景天和众魔套交情，自称和魔尊重楼相熟，众魔不理，打了起来。
['第35集']
[0]

燃气热水器哪个牌子好
选择燃气热水器时，一定要关注这几个问题：1．出水稳定性要好，不能出现忽热忽冷的现象2．快速到达设定的需求水温3．操作要智能、方便4．安全性要好，要装有安全报警装置 市场上燃气热水器品牌众多，购买时还需多加对比和仔细鉴别。方太今年主打的磁化恒温热水器在使用体验方面做了全面升级：9秒速热，可快速进入洗浴模式；水温持久稳定，不会出现忽热忽冷的现象，并通过水量伺服技术将出水温度精确控制在±0.5℃，可满足家里宝贝敏感肌肤洗护需求；配备CO和CH4双气体报警装置更安全（市场上一般多为CO单气体报警）。另外，这款热水器还有智能WIFI互联功能，只需下载个手机APP即可用手机远程操作热水器，实现精准调节水温，满足家人多样化的洗浴需求。当然方太的磁化恒温系列主要的是增加磁化功能，可以有效吸附水中的铁锈、铁屑等微小杂质，防止细菌滋生，使沐浴水质更洁净，长期使用磁化水沐浴更利于身体健康。
['方太']
[110]
```

（2）加载好原始数据集后，根据训练数据，构建词典，用于文本词向量表示（保留词频大于 10 的字）：

```
def get_vocab(datas,fre=10):
    vocab = []
    for data in datas:
```

```
            v = data['question'] + data['context']
            vocab += list(v)
        vocab = Counter(vocab)
        vocab = [k for k,v in vocab.items() if v > fre]
    return vocab
    vocab = get_vocab(train)
    vocab_size = len(list(vocab))
```

(3) 自定义数据集类Reader,继承 paddle.io.Dataset,实现对上述加载的数据集的预处理,数据预处理只要包括文本如何截断,以及词转换为其字典下标。在本实践中,有的句子过长,不能随意截断上下文(随意截断可能导致答案不在保留的文本段里面或者只有部分答案在保留的文本里),导致数据错误,因此,我们针对上述情况,设置截断规则,即保证答案在保留的文本段中,并修改截断后正确答案所处的新的开始位置:

```
class Reader(paddle.io.Dataset):
    def __init__(self, datas, vocab, maxlen_c = 128, maxlen_q = 20, mode = 'train'):
        super().__init__()
        self.c_idx = []
        self.q_idx = []
        self.start_positions = []
        self.end_positions = []
        self.dic = {w:i + 2 for i,w in enumerate(vocab)}
        self.dic['<pad>'],self.dic['<oov>'] = 0,1
        if mode == 'train':
            for data in datas:
                rc = self.word2id(data['context'])
                rq = self.word2id(data['question'])
                start = data['answer_starts'][0]
                # print(start)
                if len(data['answers']) + start > maxlen_c:
                    rc = rc[start:]
                    start = 0
                rc = rc[:maxlen_c] + [self.dic['<pad>']] * (maxlen_c - len(rc[:maxlen_c]))
                rq = rq[:maxlen_q] + [self.dic['<pad>']] * (maxlen_q - len(rq[:maxlen_q]))
                self.c_idx.append(rc)
                self.q_idx.append(rq)
                self.start_positions.append(start)
                self.end_positions.append(start + len(data['answers']))
        else:
            for data in datas:
                rc = self.word2id(data['context'])
                rq = self.word2id(data['question'])
                rc = rc[:maxlen_c] + [self.dic['<pad>']] * (maxlen_c - len(rc[:maxlen_c]))
                rq = rq[:maxlen_q] + [self.dic['<pad>']] * (maxlen_q - len(rq[:maxlen_q]))
                self.c_idx.append(rc)
                self.q_idx.append(rq)
    def __getitem__(self, index):
        return np.array(self.c_idx[index]), np.array(self.q_idx[index]),\
               np.array(self.start_positions[index]), np.array(self.end_positions[index])
```

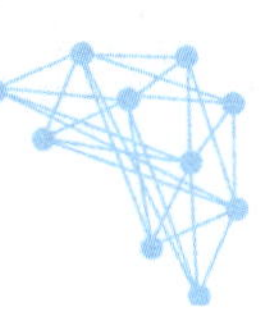

```
    def word2id(self,s):
        r = []
        for w in s:
            if w not in self.dic:
                r.append(self.dic['<oov>'])
            else:
                r.append(self.dic[w])
        return r
    def __len__(self):
        return len(self.c_idx)
```

(4) 定义好数据格式预处理类之后，然后使用 DataLoader 将数据集进行封装，便于后续的批量训练：

```
max_seq_length = 128
doc_stride = 128
batch_size = 16
train, dev, test = load_dataset('dureader_robust', splits=('train', 'dev', 'test'))
train_dataset = Reader(train,vocab)
train_data_loader = paddle.io.DataLoader(train_dataset, batch_size=batch_size, shuffle=True)
dev_dataset = Reader(dev,vocab)
dev_data_loader = paddle.io.DataLoader(dev_dataset, batch_size=batch_size)
test_dataset = Reader(test,vocab,mode='test')
test_data_loader = paddle.io.DataLoader(test_dataset, batch_size=batch_size)
```

步骤 2：搭建 BIDAF 模型

参考原论文实现，本实践实现了 BIDAF 模型，原理网络结构如实践开头所示：

```
class BiDAF(nn.Layer):
    def __init__(self, hidden_size,emb_size,vocab_size):
        super(BiDAF, self).__init__()
        dropout_ratio = 0.2
        # 1. Word Embedding Layer
        self.word_emb = nn.Embedding(vocab_size, emb_size, padding_idx=0)
        # 2. Contextual Embedding Layer
        self.context_LSTM = nn.LSTM(input_size=hidden_size,
                                    hidden_size=hidden_size,
                                    num_layers = 2,
                                    direction='bidirectional',
                                    dropout=dropout_ratio)
        # 3. Attention Flow Layer
        self.att_weight_c = nn.Linear(hidden_size*2, 1)
        self.att_weight_q = nn.Linear(hidden_size*2, 1)
        self.att_weight_cq = nn.Linear(hidden_size*2, 1)
        # 4. Modeling Layer
        self.modeling_LSTM = nn.LSTM(input_size=hidden_size * 8,
                                     num_layers = 2,
                                     direction='bidirectional',
                                     hidden_size=hidden_size,
```

```
                                    dropout = dropout_ratio)
        # 5. Output Layer
        self.p1_weight_g = nn.Linear(hidden_size * 8, 1)
        self.p1_weight_m = nn.Linear(hidden_size * 2, 1)
        self.p2_weight_g = nn.Linear(hidden_size * 8, 1)
        self.p2_weight_m = nn.Linear(hidden_size * 2, 1)
        self.output_LSTM = nn.LSTM(input_size = hidden_size * 2,
                                  hidden_size = hidden_size * 2,
                                  dropout = dropout_ratio)
        self.dropout = nn.Dropout(dropout_ratio)
    def forward(self, c_idx,q_indx):
        # 1. Word Embedding Layer
        c_word = self.word_emb(c_idx)
        q_word = self.word_emb(q_indx)
        # 2. Contextual Embedding Layer
        c = self.context_LSTM(c_word)[0]
        q = self.context_LSTM(q_word)[0]

        # 3. Attention Flow Layer
        g = self.att_flow_layer(c, q)
        # 4. Modeling Layer
        m = self.modeling_LSTM(g)[0]
        # 5. Output Layer
        p1, p2 = self.output_layer(g, m)
        return p1, p2
    def att_flow_layer(self,c, q):
        c_len = c.shape[1]
        q_len = q.shape[1]
        cq = []
        for i in range(q_len):
            qi = q[:,i].unsqueeze(1)
            ci = self.att_weight_cq(c * qi).squeeze()
            cq.append(ci)
        cq = paddle.stack(cq, axis = -1)
        s = self.att_weight_c(c).expand([-1, -1, q_len]) + \
            self.att_weight_q(q).transpose([0, 2, 1]).expand([-1, c_len, -1]) + cq
        a = F.softmax(s, axis = 2)
        c2q_att = paddle.bmm(a, q)
        b = F.softmax(paddle.max(s, axis = -1), axis = 1).unsqueeze(1)
        q2c_att = paddle.bmm(b, c).squeeze()
        q2c_att = q2c_att.unsqueeze(1).expand([-1, c_len, -1])
        x = paddle.concat([c, c2q_att, c * c2q_att, c * q2c_att], axis = -1)
        return x
    def output_layer(self,g, m):
        p1 = (self.p1_weight_g(g) + self.p1_weight_m(m)).squeeze()
        m2 = self.output_LSTM(m)[0]
        cc1 = self.p2_weight_g(g)
        cc2 = self.p2_weight_m(m2)
        p2 = (self.p2_weight_g(g) + self.p2_weight_m(m2)).squeeze()
        return p1, p2
```

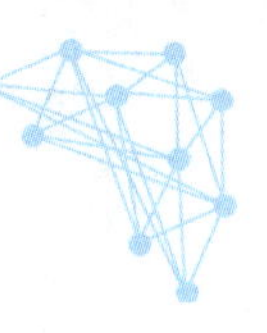

步骤 3：模型训练

（1）损失函数：和实践二十二类似，我们自定义一个交叉熵损失类，整合两个分类损失。

```
class CrossEntropyLossForRobust(paddle.nn.Layer):
    def __init__(self):
        super(CrossEntropyLossForRobust, self).__init__()
    def forward(self, y, label):
        start_logits, end_logits = y
        start_position, end_position = label
        start_position = paddle.unsqueeze(start_position, axis = -1)
        end_position = paddle.unsqueeze(end_position, axis = -1)
        start_loss = paddle.nn.functional.softmax_with_cross_entropy(
            logits = start_logits, label = start_position, soft_label = False)
        start_loss = paddle.mean(start_loss)
        end_loss = paddle.nn.functional.softmax_with_cross_entropy(
            logits = end_logits, label = end_position, soft_label = False)
        end_loss = paddle.mean(end_loss)
        loss = (start_loss + end_loss) / 2
        return loss
```

（2）优化器定义。

```
learning_rate = 0.01
# 学习率预热比例
warmup_proportion = 0.1
# 权重衰减系数,类似模型正则项策略,避免模型过拟合
weight_decay = 0.01
# 学习率衰减策略
lr_scheduler = paddlenlp.transformers.LinearDecayWithWarmup(learning_rate, \
                    num_training_steps, warmup_proportion)
# 实例化模型
print(vocab_size)
model = BiDAF(128,128,vocab_size)
decay_params = [p.name for n, p in model.named_parameters()
    if not any(nd in n for nd in ["bias", "norm"])]
optimizer = paddle.optimizer.AdamW(
    learning_rate = lr_scheduler,
    parameters = model.parameters(),
    weight_decay = weight_decay,
apply_decay_param_fun = lambda x: x in decay_params)
```

（3）模型训练。

```
epochs = 2
num_training_steps = len(train_data_loader) * epochs
criterion = CrossEntropyLossForRobust()
global_step = 0
for epoch in range(1, epochs + 1):
    for step, batch in enumerate(train_data_loader, start = 1):
```

```
        global_step += 1
        c_idx,q_indx, start_positions, end_positions = batch
        logits = model(c_idx,q_indx)
        loss = criterion(logits, (start_positions, end_positions))
        if global_step % 10 == 0 :
            print("global step %d, epoch: %d, batch: %d, loss: %.5f" % (global_step,
epoch, step, loss))
        loss.backward()
        optimizer.step()
        lr_scheduler.step()
        optimizer.clear_grad()
```

训练过程部分输出如下：

```
global step 10, epoch: 1, batch: 10, loss: 4.81833
global step 20, epoch: 1, batch: 20, loss: 4.43065
global step 30, epoch: 1, batch: 30, loss: 3.29603
global step 40, epoch: 1, batch: 40, loss: 3.00671
global step 50, epoch: 1, batch: 50, loss: 3.05649
global step 60, epoch: 1, batch: 60, loss: 2.87992
```

步骤 4：模型评估

```
def evaluate(model, data_loader, is_test=False):
#调用模型的评估模式
    model.eval()
    all_start_logits = []
    all_end_logits = []
tic_eval = time.time()
#读取 batch 数据
    for batch in data_loader:
        if not is_test:
            c_idx,q_indx, start_positions, end_positions = batch
        else:
            c_idx,q_indx = batch
        logits = model(c_idx,q_indx)
        for idx in range(start_logits_tensor.shape[0]):
            if len(all_start_logits) % 1000 == 0 and len(all_start_logits):
                print("Processing example: %d" % len(all_start_logits))
                print('time per 1000:', time.time() - tic_eval)
                tic_eval = time.time()
            all_start_logits.append(start_logits_tensor.numpy()[idx])
            all_end_logits.append(end_logits_tensor.numpy()[idx])
    all_predictions, _, _ = compute_prediction(
        data_loader.dataset.data, data_loader.dataset.new_data,
        (all_start_logits, all_end_logits), False, 20, 30)
    if is_test:
        with open('prediction.json', "w", encoding='utf-8') as writer:
            writer.write(json.dumps(all_predictions, ensure_ascii=False, indent=4) + "\n")
    else:
        squad_evaluate(examples=data_loader.dataset.data,
```

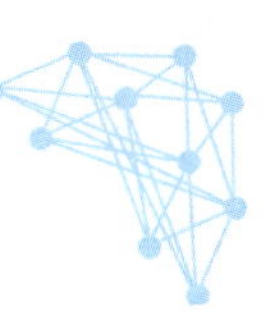


```
            preds = all_predictions, is_whitespace_splited = False)
    count  =  0
    for example in data_loader.dataset.data:
        count  += 1
        print('问题：',example['question'])
        print('原文：',''.join(example['context']))
        print('答案：',all_predictions[example['id']])
        if count >=  5:
            break
    model.train()
evaluate(model = model, data_loader = dev_data_loader)
```

步骤 5：机器阅读模型预测

传入 test_data_loader 至 evaluate()，并将 is_test 参数设为 True，即可进行预测：

```
evaluate(model = model,data_loader = test_data_loader, is_test = True)
```

实践二十四：基于预训练——微调的机器阅读理解

预训练模型在 NLP 的各项任务中均已取得了显著成效，飞桨的 PaddleNLP 也提供了多种预训练模型的使用接口，本实践将展示如何使用 PaddleNLP 快速实现基于预训练模型的机器阅读理解任务。本实践依然是抽取式的机器阅读理解。

步骤 1：DuReader 数据准备

本实践使用的数据集依旧是 DuReader，数据加载与实践二十三相同，但是用于预训练模型的输入时，需要做不同的处理。

(1) 数据集加载。使用 PaddleNLP 提供的 load_dataset API，即可一键完成数据集加载。

```
from paddlenlp.datasets import load_dataset
train_ds, dev_ds, test_ds  =  load_dataset('dureader_robust', splits = ('train', 'dev', 'test'))
for idx in range(2):
    print(train_ds[idx]['question'])
    print(train_ds[idx]['context'])
    print(train_ds[idx]['answers'])
    print(train_ds[idx]['answer_starts'])
```

数据集中的数据格式如下：

```
仙剑奇侠传3第几集上天界
第35集雪见缓缓张开眼睛，景天又惊又喜之际，长卿和紫萱的仙船驶至，见众人无恙，也十分高兴。众人登船，用尽合力把自身的真气和水分输给她。雪见终于醒过来了，但却一脸木然，全无反应。众人向常胤求助，却发现人世界竟没有雪见的身世纪录。长卿询问清微的身世，清微语带双关说一切上了天界便有答案。长卿驾驶仙船，众人决定立马动身，往天界而去。众人来到一荒山，长卿指出，魔界和天界相连。由魔界进入通过神魔之井，便可登天。众人至魔界入口，仿若一黑色的蝙蝠洞，但始终无法进入。后来花楹发现只要有翅膀便能飞入。于是景天等人打下许多乌鸦，模仿重楼的翅膀，制作数对翅膀状巨物。刚佩戴在身，便被吸入洞口。众人摔落在地，抬头发现魔界守卫。景天和众魔套交情，自称和魔尊重楼相熟，众魔不理，打了起来。
['第35集']
[0]
```

```
燃气热水器哪个牌子好
选择燃气热水器时，一定要关注这几个问题：1. 出水稳定性要好，不能出现忽热忽冷的现象2. 快速到达设定的需求水温3. 操作要智能、方便4. 安全性要好，要
装有安全报警装置 市场上燃气热水器品牌众多，购买时还需多加对比和仔细鉴别。方太今年主打的磁化恒温热水器在使用体验方面做了全面升级：9秒速热，可快
速进入洗浴模式；水温持久稳定，不会出现忽热忽冷的现象，并通过水量伺服技术将出水温度精确控制在±0.5℃，可满足家里宝贝敏感肌肤洗护需求；配备CO和CH
4双气体报警装置更安全（市场上一般多为CO单气体报警）。另外，这款热水器还有智能WIFI互联功能，只需下载个手机APP即可用手机远程操作热水器，实现精
准调节水温，满足家人多样化的洗浴需求。当然方太的磁化恒温系列主要的是增加磁化功能，可以有效吸附水中的铁锈、铁屑等微小杂质，防止细菌滋生，使沐浴
水质更洁净，长期使用磁化水沐浴更利于身体健康。
['方太']
[110]
```

(2) 数据处理。DuReader$_{rubust}$ 数据集采用 SQuAD 数据格式，输入特征使用滑动窗口的方法生成，即一个样本最终可能对应多个输入特征。

本实践使用的预训练模型是 ERNIE，ERNIE 对中文数据的处理是以字为单位，PaddleNLP 对于各种预训练模型已经内置了相应的 tokenizer，指定想要使用的模型名字即可加载对应的 tokenizer：

```
import paddlenlp
MODEL_NAME = 'ernie-1.0' # 设置模型名称
tokenizer = paddlenlp.transformers.ErnieTokenizer.from_pretrained(MODEL_NAME)
```

(3) 输入数据格式处理。上文加载出的数据属于字典格式，需要处理为模型需要的输入格式，即将单条样本数据转化为：[input_ids, token_type_ids, start_positions, end_positions]，然后批量化，使用 paddle.io.DataLoader 加载器进行封装，便于后续训练，其中 map(func)函数对数据集中的单条样本分别执行 func()函数操作：

```
from utils import prepare_train_features, prepare_validation_features
from functools import partial
max_seq_length = 512
doc_stride = 128
# 数据预处理
train_trans_func = partial(prepare_train_features,  max_seq_length = max_seq_length, doc_
stride = doc_stride, tokenizer = tokenizer)
train_ds.map(train_trans_func, batched = True, num_workers = 1)
dev_trans_func = partial(prepare_validation_features,
                         max_seq_length = max_seq_length,
                         doc_stride = doc_stride,
                         tokenizer = tokenizer)
dev_ds.map(dev_trans_func, batched = True, num_workers = 1)
test_ds.map(dev_trans_func, batched = True, num_workers = 1)
```

上述步骤将样本处理为如下格式：

```
[1, 1034, 1189, 734, 2003, 241, 284, 131, 553, 271, 28, 125, 280, 2, 131, 1773, 271, 1097, 373, 1427, 1427, 501, 88, 66
2, 1906, 4, 561, 125, 311, 1168, 311, 692, 46, 430, 4, 84, 2073, 14, 1264, 3967, 5, 1034, 1020, 1829, 268, 4, 373, 539,
8, 154, 5210, 4, 105, 167, 59, 69, 685, 12043, 539, 8, 883, 1020, 4, 29, 720, 95, 90, 427, 67, 262, 5, 384, 266, 14, 10
1, 59, 789, 416, 237, 12043, 1097, 373, 616, 37, 1519, 93, 61, 15, 4, 255, 535, 7, 1529, 619, 187, 4, 62, 154, 451, 14
9, 12043, 539, 8, 253, 223, 3679, 323, 523, 4, 535, 34, 87, 8, 203, 280, 1186, 340, 9, 1097, 373, 5, 262, 203, 623, 70
4, 12043, 84, 2073, 1137, 358, 334, 702, 5, 262, 203, 4, 334, 702, 405, 360, 653, 129, 178, 7, 568, 28, 15, 125, 280, 5
18, 9, 1179, 487, 12043, 84, 2073, 1621, 1829, 1034, 1020, 4, 539, 8, 448, 91, 202, 466, 70, 262, 4, 638, 125, 280, 83,
299, 12043, 539, 8, 61, 45, 7, 1537, 176, 4, 84, 2073, 288, 39, 4, 889, 280, 14, 125, 280, 156, 538, 12043, 190, 889, 2
80, 71, 109, 124, 93, 292, 889, 46, 1248, 4, 518, 48, 883, 125, 12043, 539, 8, 268, 889, 280, 109, 270, 4, 1586, 845,
7, 669, 199, 5, 3964, 3740, 1084, 4, 255, 440, 616, 154, 72, 71, 109, 12043, 49, 61, 283, 3591, 34, 87, 297, 41, 9, 199
3, 2602, 518, 52, 706, 109, 12043, 37, 10, 561, 125, 43, 8, 445, 86, 576, 65, 1448, 2969, 4, 469, 1586, 118, 776, 5, 19
93, 2602, 4, 108, 25, 179, 51, 1993, 2602, 498, 1052, 122, 12043, 1082, 1994, 1616, 11, 262, 4, 518, 171, 813, 109, 108
4, 270, 12043, 539, 8, 3006, 580, 11, 31, 4, 2473, 306, 34, 87, 889, 280, 846, 573, 12043, 561, 125, 14, 539, 889, 810,
276, 182, 4, 67, 351, 14, 889, 1182, 118, 776, 156, 952, 4, 539, 889, 16, 38, 4, 445, 15, 200, 61, 12043, 2]
[0, 0, 0, 0, 0, 0, 0, 0, 0, 0, 0, 0, 0, 0, 1, 1, 1, 1, 1, 1, 1, 1, 1, 1, 1, 1, 1, 1, 1, 1, 1, 1, 1, 1, 1, 1, 1, 1,
```

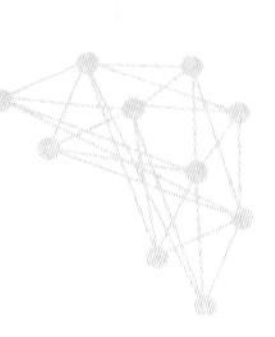


```
1, 1, 1, 1, 1, 1, 1, 1, 1, 1, 1, 1, 1, 1, 1, 1, 1, 1, 1, 1, 1, 1, 1, 1, 1, 1, 1, 1, 1, 1, 1, 1, 1, 1, 1, 1, 1, 1, 1, 1,
1, 1, 1, 1, 1, 1, 1, 1, 1, 1, 1, 1, 1, 1, 1, 1, 1, 1, 1, 1, 1, 1, 1, 1, 1, 1, 1, 1, 1, 1, 1, 1, 1, 1, 1, 1, 1, 1, 1, 1,
1, 1, 1, 1, 1, 1, 1, 1, 1, 1, 1, 1, 1, 1, 1, 1, 1, 1, 1, 1, 1, 1, 1, 1, 1, 1, 1, 1, 1, 1, 1, 1, 1, 1, 1, 1, 1, 1, 1, 1,
1, 1, 1, 1, 1, 1, 1, 1, 1, 1, 1, 1, 1, 1, 1, 1, 1, 1, 1, 1, 1, 1, 1, 1, 1, 1, 1, 1, 1, 1, 1, 1, 1, 1, 1, 1, 1, 1, 1, 1,
1, 1, 1, 1, 1, 1, 1, 1, 1, 1, 1, 1, 1, 1, 1, 1, 1, 1, 1, 1, 1, 1, 1, 1, 1, 1, 1, 1, 1, 1, 1, 1, 1, 1, 1, 1, 1, 1, 1, 1,
1, 1, 1, 1, 1, 1, 1, 1, 1, 1, 1, 1, 1, 1, 1, 1, 1, 1, 1, 1, 1, 1, 1, 1, 1, 1, 1, 1, 1, 1, 1, 1, 1, 1, 1, 1, 1, 1, 1, 1,
1, 1, 1, 1, 1, 1, 1, 1, 1, 1, 1, 1, 1, 1, 1, 1, 1, 1, 1, 1, 1, 1, 1, 1, 1, 1, 1, 1, 1, 1, 1, 1, 1, 1, 1, 1, 1, 1, 1, 1,
1, 1, 1, 1, 1, 1, 1, 1, 1, 1, 1, 1, 1, 1, 1, 1, 1, 1, 1, 1, 1, 1, 1, 1, 1, 1, 1]
0

[(0, 0), (0, 1), (1, 2), (2, 3), (3, 4), (4, 5), (5, 6), (6, 7), (7, 8), (8, 9), (9, 10), (10, 11), (11, 12), (0, 0),
(0, 1), (1, 3), (3, 4), (4, 5), (5, 6), (6, 7), (7, 8), (8, 9), (9, 10), (10, 11), (11, 12), (12, 13), (13, 14), (14, 1
5), (15, 16), (16, 17), (17, 18), (18, 19), (19, 20), (20, 21), (21, 22), (22, 23), (23, 24), (24, 25), (25, 26), (26,
27), (27, 28), (28, 29), (29, 30), (30, 31), (31, 32), (32, 33), (33, 34), (34, 35), (35, 36), (36, 37), (37, 38), (38,
39), (39, 40), (40, 41), (41, 42), (42, 43), (43, 44), (44, 45), (45, 46), (46, 47), (47, 48), (48, 49), (49, 50), (50,
51), (51, 52), (52, 53), (53, 54), (54, 55), (55, 56), (56, 57), (57, 58), (58, 59), (59, 60), (60, 61), (61, 62), (62,
63), (63, 64), (64, 65), (65, 66), (66, 67), (67, 68), (68, 69), (69, 70), (70, 71), (71, 72), (72, 73), (73, 74), (74,
75), (75, 76), (76, 77), (77, 78), (78, 79), (79, 80), (80, 81), (81, 82), (82, 83), (83, 84), (84, 85), (85, 86), (86,
87), (87, 88), (88, 89), (89, 90), (90, 91), (91, 92), (92, 93), (93, 94), (94, 95), (95, 96), (96, 97), (97, 98), (98,
99), (99, 100), (100, 101), (101, 102), (102, 103), (103, 104), (104, 105), (105, 106), (106, 107), (107, 108), (108, 1
09), (109, 110), (110, 111), (111, 112), (112, 113), (113, 114), (114, 115), (115, 116), (116, 117), (117, 118), (118,
119), (119, 120), (120, 121), (121, 122), (122, 123), (123, 124), (124, 125), (125, 126), (126, 127), (127, 128), (128,
129), (129, 130), (130, 131), (131, 132), (132, 133), (133, 134), (134, 135), (135, 136), (136, 137), (137, 138), (138,
139), (139, 140), (140, 141), (141, 142), (142, 143), (143, 144), (144, 145), (145, 146), (146, 147), (147, 148), (148,
149), (149, 150), (150, 151), (151, 152), (152, 153), (153, 154), (154, 155), (155, 156), (156, 157), (157, 158), (158,
159), (159, 160), (160, 161), (161, 162), (162, 163), (163, 164), (164, 165), (165, 166), (166, 167), (167, 168), (168,
169), (169, 170), (170, 171), (171, 172), (172, 173), (173, 174), (174, 175), (175, 176), (176, 177), (177, 178), (178,
179), (179, 180), (180, 181), (181, 182), (182, 183), (183, 184), (184, 185), (185, 186), (186, 187), (187, 188), (188,
189), (189, 190), (190, 191), (191, 192), (192, 193), (193, 194), (194, 195), (195, 196), (196, 197), (197, 198), (198,
199), (199, 200), (200, 201), (201, 202), (202, 203), (203, 204), (204, 205), (205, 206), (206, 207), (207, 208), (208,
209), (209, 210), (210, 211), (211, 212), (212, 213), (213, 214), (214, 215), (215, 216), (216, 217), (217, 218), (218,
219), (219, 220), (220, 221), (221, 222), (222, 223), (223, 224), (224, 225), (225, 226), (226, 227), (227, 228), (228,
229), (229, 230), (230, 231), (231, 232), (232, 233), (233, 234), (234, 235), (235, 236), (236, 237), (237, 238), (238,
239), (239, 240), (240, 241), (241, 242), (242, 243), (243, 244), (244, 245), (245, 246), (246, 247), (247, 248), (248,
249), (249, 250), (250, 251), (251, 252), (252, 253), (253, 254), (254, 255), (255, 256), (256, 257), (257, 258), (258,
259), (259, 260), (260, 261), (261, 262), (262, 263), (263, 264), (264, 265), (265, 266), (266, 267), (267, 268), (268,
269), (269, 270), (270, 271), (271, 272), (272, 273), (273, 274), (274, 275), (275, 276), (276, 277), (277, 278), (278,
279), (279, 280), (280, 281), (281, 282), (282, 283), (283, 284), (284, 285), (285, 286), (286, 287), (287, 288), (288,
289), (289, 290), (290, 291), (291, 292), (292, 293), (293, 294), (294, 295), (295, 296), (296, 297), (297, 298), (298,
299), (299, 300), (300, 301), (301, 302), (302, 303), (303, 304), (304, 305), (305, 306), (306, 307), (307, 308), (308,
309), (309, 310), (310, 311), (311, 312), (312, 313), (313, 314), (314, 315), (315, 316), (316, 317), (317, 318), (318,
319), (319, 320), (320, 321), (321, 322), (322, 323), (323, 324), (324, 325), (325, 326), (326, 327), (327, 328), (328,
329), (329, 330), (330, 331), (331, 332), (0, 0)]
14
16
```

其中，上述输出为单个样本的不同特征：

- input_ids：表示输入文本的 token ID；
- token_type_ids：表示对应的 token 属于输入的问题还是答案（Transformer 类预训练模型支持单句以及句对输入）；
- overflow_to_sample：特征对应的 example 的编号；
- offset_mapping：每个 token 的起始字符和结束字符在原文中对应的 index（用于生成答案文本）；
- start_positions：答案在这个特征中的开始位置；
- end_positions：答案在这个特征中的结束位置。

接下来需要将样本的各种特征转化为张量的形式，并且使用 paddle.io.DistributedBatchSampler 定义批量化采样操作，使用 batchify_fn 操作将批量数据从批维度进行堆叠：

```
batch_size = 12
# 定义 BatchSampler
train_batch_sampler = paddle.io.DistributedBatchSampler(
        train_ds, batch_size = batch_size, shuffle = True)
```

```
dev_batch_sampler = paddle.io.BatchSampler(
    dev_ds, batch_size=batch_size, shuffle=False)
test_batch_sampler = paddle.io.BatchSampler(
    test_ds, batch_size=batch_size, shuffle=False)
# 定义 batchify_fn
train_batchify_fn = lambda samples, fn=Dict({
    "input_ids": Pad(axis=0, pad_val=tokenizer.pad_token_id),
    "token_type_ids": Pad(axis=0, pad_val=tokenizer.pad_token_type_id),
    "start_positions": Stack(dtype="int64"),
    "end_positions": Stack(dtype="int64")
}): fn(samples)
dev_batchify_fn = lambda samples, fn=Dict({
    "input_ids": Pad(axis=0, pad_val=tokenizer.pad_token_id),
    "token_type_ids": Pad(axis=0, pad_val=tokenizer.pad_token_type_id)
}): fn(samples)
```

将数据封装至 paddle.io.DataLoader 中，便于后续训练时可批量获得数据：

```
# 构造 DataLoader
train_data_loader = paddle.io.DataLoader(
    dataset=train_ds,
    batch_sampler=train_batch_sampler,
    collate_fn=train_batchify_fn,
    return_list=True)
dev_data_loader = paddle.io.DataLoader(
    dataset=dev_ds,
    batch_sampler=dev_batch_sampler,
    collate_fn=dev_batchify_fn,
    return_list=True)
test_data_loader = paddle.io.DataLoader(
    dataset=test_ds,
    batch_sampler=test_batch_sampler,
    collate_fn=dev_batchify_fn,
return_list=True)
```

步骤 2：ERNIE 预训练模型配置

本实践以 ERNIE 预训练模型为例，介绍如何将预训练模型通过微调完成 $\text{DuReader}_{\text{robust}}$ 阅读理解任务。$\text{DuReader}_{\text{robust}}$ 阅读理解任务的本质是答案抽取任务，根据输入的问题和文章，从预训练模型的序列中输出预测答案在文章中的起始位置和结束位置。原理如图 7.3 所示。

目前 PaddleNLP 已经内置了包括 ERNIE 在内的多种基于预训练模型的常用任务的下游网络，包括机器阅读理解，这些模型在 paddlenlp.transformers 下，均可实现一键调用：

```
from paddlenlp.transformers import
ErnieForQuestionAnswering
model = ErnieForQuestionAnswering.from_pretrained(MODEL_NAME)
```

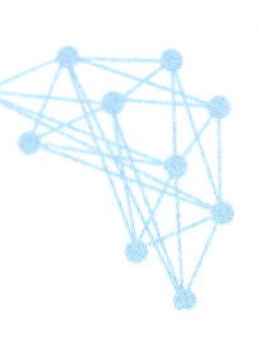

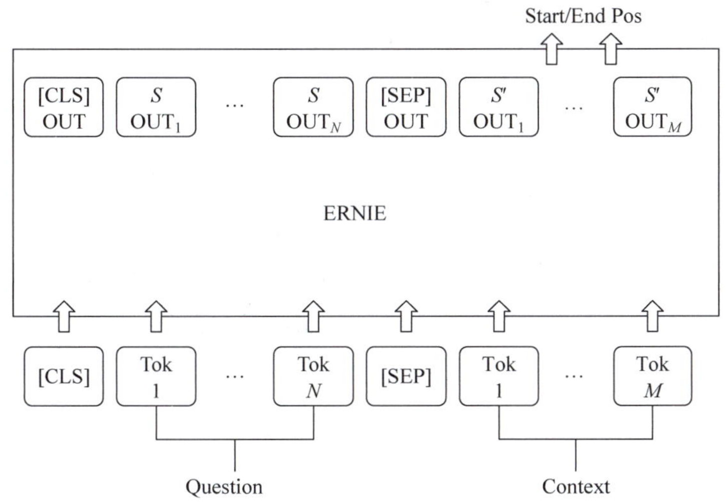

图 7.3 ERNIE 预训练模型

步骤 3：模型训练

(1) 损失函数定义。我们调用的 ErineForQuestionAnswering 模型，它在设计时将 ErnieModel 的 sequence_output 拆开成 start_logits 和 end_logits 输出。所以我们实现的 $\text{DuReader}_{\text{robust}}$ 损失也应该由 start_loss 和 end_loss 两部分组成，具体来说需要我们自己定义上面两个 loss function，对于每部分损失，均使用交叉熵损失函数进行计算，即对于答案起始位置和结束位置的预测可以分别看成两个分类任务：

```
class CrossEntropyLossForRobust(paddle.nn.Layer):
    def __init__(self):
        super(CrossEntropyLossForRobust, self).__init__()
    def forward(self, y, label):
        start_logits, end_logits = y # [batch_size, seq_len]
        start_position, end_position = label
        start_position = paddle.unsqueeze(start_position, axis = -1)
        end_position = paddle.unsqueeze(end_position, axis = -1)
        start_loss = paddle.nn.functional.softmax_with_cross_entropy(
                logits = start_logits, label = start_position, soft_label = False)
        start_loss = paddle.mean(start_loss)
        end_loss = paddle.nn.functional.softmax_with_cross_entropy(
            logits = end_logits, label = end_position, soft_label = False)
        end_loss = paddle.mean(end_loss)
        loss = (start_loss + end_loss) / 2
        return loss
```

(2) 优化器定义。

```
warmup_proportion = 0.1
weight_decay = 0.01
lr_scheduler = paddlenlp.transformers.LinearDecayWithWarmup(learning_rate, num_training_
```

```
steps, warmup_proportion)
decay_params = [p.name for n, p in model.named_parameters()
    if not any(nd in n for nd in ["bias", "norm"])]
optimizer = paddle.optimizer.AdamW(
    learning_rate = lr_scheduler,
    parameters = model.parameters(),
    weight_decay = weight_decay,
    apply_decay_param_fun = lambda x: x in decay_params)
```

（3）训练模型。从 dataloader 中取出一个 batch data，将 batch data 输入至模型中，做前向计算，将前向计算结果传给损失函数，计算 loss，loss 反向回传，更新梯度：

```
epochs = 2
num_training_steps = len(train_data_loader) * epochs
criterion = CrossEntropyLossForRobust()
global_step = 0
for epoch in range(1, epochs + 1):
    for step, batch in enumerate(train_data_loader, start = 1):
        global_step += 1
        input_ids, segment_ids, start_positions, end_positions = batch
        logits = model(input_ids = input_ids, token_type_ids = segment_ids)
        loss = criterion(logits, (start_positions, end_positions))
        if global_step % 100 == 0 :
            print("global step % d, epoch: % d, batch: % d, loss: % .5f" % (global_step,
epoch, step, loss))
        loss.backward()
        optimizer.step()
        lr_scheduler.step()
        optimizer.clear_grad()
```

模型训练部分输出如下：

```
global step 100, epoch: 1, batch: 100, loss: 4.64651
global step 200, epoch: 1, batch: 200, loss: 1.71296
global step 300, epoch: 1, batch: 300, loss: 1.55310
global step 400, epoch: 1, batch: 400, loss: 1.62068
global step 500, epoch: 1, batch: 500, loss: 1.38884
global step 600, epoch: 1, batch: 600, loss: 1.32910
global step 700, epoch: 1, batch: 700, loss: 1.66096
global step 800, epoch: 1, batch: 800, loss: 1.19356
global step 900, epoch: 1, batch: 900, loss: 0.87312
global step 1000, epoch: 1, batch: 1000, loss: 1.17760
global step 1100, epoch: 1, batch: 1100, loss: 1.14938
global step 1200, epoch: 1, batch: 1200, loss: 1.91959
global step 1300, epoch: 1, batch: 1300, loss: 0.80797
global step 1400, epoch: 1, batch: 1400, loss: 1.41279
global step 1500, epoch: 2, batch: 28, loss: 0.67790
```

步骤 4：模型评估

```
def evaluate(model, data_loader, is_test = False):
    model.eval()
```

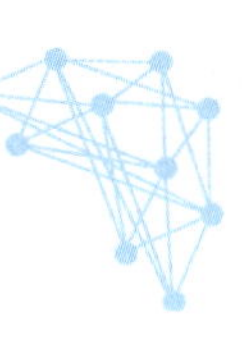

```
    all_start_logits = []
    all_end_logits = []
    tic_eval = time.time()
    for batch in data_loader:
        input_ids, token_type_ids = batch
        start_logits_tensor, end_logits_tensor = model(input_ids, token_type_ids)
        for idx in range(start_logits_tensor.shape[0]):
            if len(all_start_logits) % 1000 == 0 and len(all_start_logits):
                print("Processing example: %d" % len(all_start_logits))
                print('time per 1000:', time.time() - tic_eval)
                tic_eval = time.time()
            all_start_logits.append(start_logits_tensor.numpy()[idx])
            all_end_logits.append(end_logits_tensor.numpy()[idx])
    all_predictions, _, _ = compute_prediction(
        data_loader.dataset.data, data_loader.dataset.new_data,
        (all_start_logits, all_end_logits), False, 20, 30)
    if is_test:
        with open('prediction.json', "w", encoding='utf-8') as writer:
            writer.write(json.dumps(all_predictions,
ensure_ascii=False, indent=4) + "\n")
    else:
        squad_evaluate( examples=data_loader.dataset.data,
            preds=all_predictions, is_whitespace_splited=False)
    count = 0
    for example in data_loader.dataset.data:
        count += 1
        print('问题: ',example['question'])
        print('原文: ',''.join(example['context']))
        print('答案: ',all_predictions[example['id']])
        if count >= 5:
            break
model.train()
evaluate(model=model, data_loader=dev_data_loader)
```

验证过程部分输出如下：

```
{
  "exact": 71.84191954834156,
  "f1": 86.09210651542205,
  "total": 1417,
  "HasAns_exact": 71.84191954834156,
  "HasAns_f1": 86.09210651542205,
  "HasAns_total": 1417
}
```

步骤 5：机器阅读模型预测

传入 test_data_loader 至 evaluate()，并将 is_test 参数设为 True，即可进行预测：

```
evaluate(model = model,data_loader = test_data_loader, is_test = True)
```

预测部分输出如下：

```
Processing example: 1000
time per 1000: 10.308244228363037
Processing example: 2000
time per 1000: 10.366413831710815
Processing example: 3000
time per 1000: 10.252323627471924
Processing example: 4000
time per 1000: 10.477697134017944
Processing example: 5000
time per 1000: 9.953215837478638

问题:  220v一安等于多少瓦
原文:  在220交流电的状态下一安等于220瓦.基于32太1.5匹用多大的开关计算方法是: 1匹=0.735瓦. 0.735*1.5*32=35.28千瓦  1千瓦=4.5安  35.28
*4.5=158.26安  这儿是实际的电流,在现实应用过程中不能用160安的  开关,单个1.5匹启动时有一个较大的启动电流,在实际用用是乘以105倍: 158.26*1.
5=237.39安. 开关的电流应该是250A的空气开关.
答案:  220瓦

问题:  氧化铜和稀盐酸的离子方程式
原文:  化学方程式: CuO+2HCl=CuCl2+H2O 书写离子方程式时,只有强电解质 (强酸、强碱、盐) 拆开写成离子形式. 离子方程式:  CuO+2H+=Cu^2+ +H2O
答案:  CuO+2HCl=CuCl2+H2O

问题:  刀塔传奇98元英雄排行
原文:  让我们把目光放到刀塔传奇中去,看看那些在竞技场的刀山火海中异军突起的英雄,很多只是得益于一个小小的改动,却改变了竞技场的整个格局。http://
www.18183.com/dtcq/syzs/wanjiayc/164981.html|1艾吉奥梦境打架都可以2科学怪人梦境团本高分必备3魔像可以打吸血鬼一个梦境4白银很看好她期待
她的觉醒5凹凸曼打猴子,其他可有可无
答案:  http://www.18183.com/dtcq/syzs/wanjiayc/164981.html
```

第 8 章　聊天机器人设计与实现

近年来，随着自然语言处理技术的飞速发展，人机对话系统受到了学术界和工业界的广泛关注，越来越多的智能对话产品也逐渐走进大众的视野，如 Apple Siri、微软小冰、天猫精灵等。

从应用场景和实现功能的角度，对话机器人主要可以分为以下三种类型：问答机器人、任务机器人和闲聊机器人。问答机器人主要依托于强大的知识库，可以针对用户提出的问题给出特定的回复，对回复内容的准确性要求较高，但仅限于一问一答的单轮对话交互，对上下文信息不作处理，目前多应用于客服领域。任务机器人通过多轮对话交互满足用户某一特定的任务需求，如订票、订餐等，通过对话状态追踪、槽位填充等技术理解用户意图，对任务完成度要求高。闲聊机器人与用户之间的互动比较开放，用户没有明确目的，机器人的回复也没有标准答案，主要以趣味性和个性化的回复满足用户的情感需求。目前的对话系统往往是以上三种类型的组合，例如上文中提到的天猫精灵等智能音箱产品，可以同时满足用户的问答、任务、闲聊等多种需求。

实践二十五(一)：聊天机器人模块实现

图 8.1 展示了一个通用的聊天机器人系统框架，其中包含五个主要的功能模块。基本的流程为：用户通过文字形式或语音形式输入之后进行预处理，转换成文本形式进行自然语言理解，然后再通过语义表示和上下文进入对话管理，接着对当前对话模型进行答案提取，最后将生成的回复文本进行合成输出给用户。尽管上述流程看起来十分复杂，但是我们通过借助 PaddleNLP 就能够快速地实现一个简单的闲聊机器人。

PaddleNLP 是百度开源的一个工业级中文 NLP 工具集与预训练模型集，它提供了依托于百度百亿级大数据的预训练模型，极大地减少了开发者在开发过程中的重复工作。使用者可以用 PaddleNLP 快速地实现文本分类、文本匹配、序列标注、阅读理解、智能对话等 NLP 任务的组网、建模和部署，而且可以直接使用百度开源的工业级预训练模型进行快速应用。用户在极大地减少研究和开发成本的同时，也可以获得更好的基于工业实践的应用效果。

下面我们将重点介绍 PaddleNLP 内置的生成式 API 的功能和用法，并使用 PaddleNLP 内置的 plato-mini 模型和配套的生成式 API 实现一个简单的闲聊机器人。PaddleNLP 针对生成式任务提供了 generate() 函数，该函数内嵌于 PaddleNLP 所有的生成式模型，支持 Greedy Search、Beam Search 和 Sampling 解码策略，用户只需要指定解码策略以及相应的

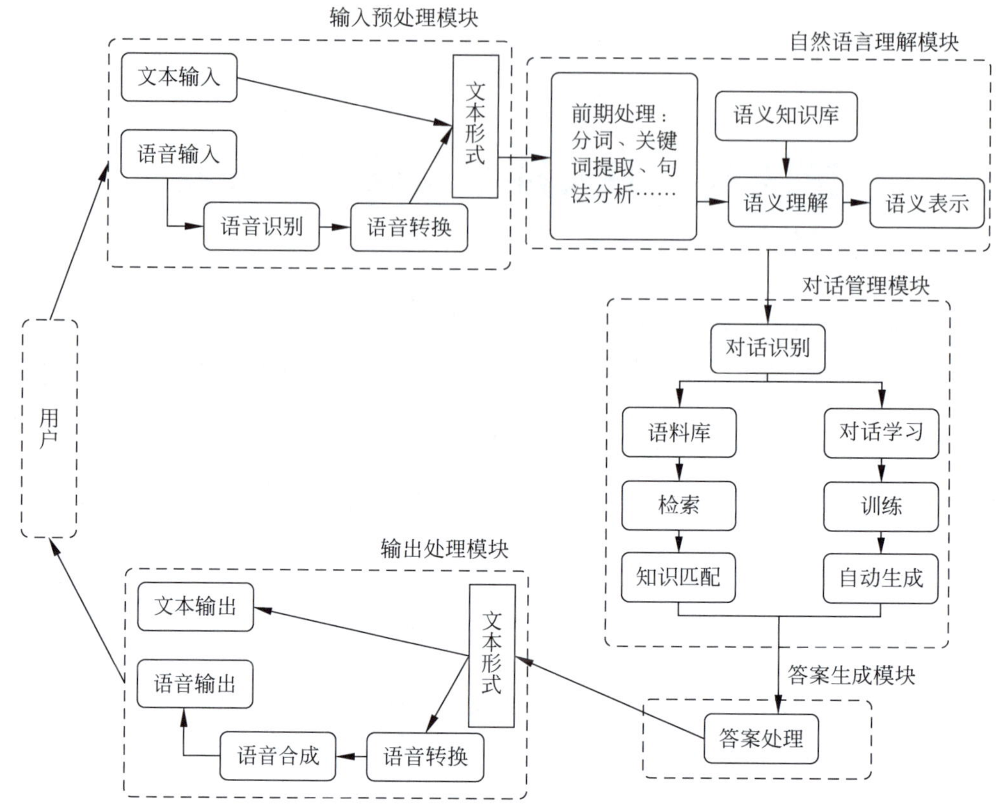

图 8.1　聊天机器人系统框架

参数即可完成预测解码，得到模型预测生成的序列及其概率得分。

步骤 1：下载并更新相关包

AI Studio 平台已经默认安装了 PaddleNLP，但仍然需要使用如下的指令进行版本的更新，否则后续程序的运行会报错。

```
!pip install --upgrade paddlenlp -i https://pypi.org/simple
!pip install --upgrade pip
!pip install --upgrade sentencepiece          # Google 开源的文本 Tokenzier 工具
```

步骤 2：使用生成 API 实现闲聊机器人

下面我们来学习如何使用 UnifiedTransformer 模型及其内嵌的生成式 API 实现一个闲聊机器人。

(1) 数据处理。

首先是数据处理部分，文本数据在输入预训练模型之前，需要经过处理转化为 feature，这一过程通常包括分词、将单词映射为对应的词典 ID、添加特殊标志(如< BOS >、< EOS >)等步骤。

PaddleNLP 对于各种预训练模型已经内置了相应的 tokenizer，我们通过指定使用的模

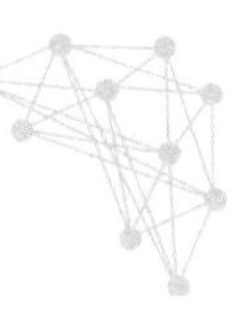

型名称即可加载对应的 tokenizer。在闲聊机器人的实现中，我们通过加载 paddlenlp.transformers.UnifiedTransformerTokenizer 用于数据处理，UnifiedTransformerTokenizer 的数据处理 API 是 dialogue_encode()，我们通过调用该方法即可将自然语言转为模型可接受的输入。

```
from paddlenlp.transformers import UnifiedTransformerTokenizer

# 设置想要使用的模型名称
model_name = 'plato-mini'
tokenizer = UnifiedTransformerTokenizer.from_pretrained(model_name)

user_input = ['你好啊,你今年多大了']

# 调用 dialogue_encode 方法生成模型输入
encoded_input = tokenizer.dialogue_encode(
                    user_input,
                    add_start_token_as_response=True,
                    return_tensors=True,
                    is_split_into_words=False)

print(encoded_input.keys())
dict_keys(['input_ids', 'token_type_ids', 'position_ids', 'attention_mask'])
```

(2) 使用 PaddleNLP 一键加载预训练模型。

然后我们使用 PaddleNLP 一键加载预训练模型，PaddleNLP 提供了 GPT、UnifiedTransformer 等中文预训练模型，可以通过预训练模型名称完成加载。我们可以一键调用 UnifiedTransformer 预训练模型，它以 Transformer 的 Encoder 模块作为网络的基本组件，采用灵活的注意力机制，十分适合文本生成式任务。同时，模型的输入中加入了标识不同对话技能的 special token，使得模型能够同时支持闲聊对话、推荐对话和知识对话。PaddleNLP 目前为 UnifiedTransformer 提供了三个中文预训练模型：

- unified_transformer-12L-cn，该预训练模型是在大规模中文对话数据集上训练得到的；
- unified_transformer-12L-cn-luge，该预训练模型是 unified_transformer-12L-cn 在千言对话数据集上进行微调得到的；
- plato-mini，该模型使用了十亿级别的中文闲聊对话数据进行预训练。

```
from paddlenlp.transformers import UnifiedTransformerLMHeadModel

model = UnifiedTransformerLMHeadModel.from_pretrained(model_name)
```

(3) 使用生成 API 输出模型预测结果。

下一步我们将处理好的输入作为参数传递给 generate()函数，并配置解码策略，这里我们使用的是 TopK 加 sampling 的解码策略，即从概率最大的 k 个结果中按概率进行采样。

```
ids, scores = model.generate(
                input_ids=encoded_input['input_ids'],
                token_type_ids=encoded_input['token_type_ids'],
```

```
                position_ids = encoded_input['position_ids'],
                attention_mask = encoded_input['attention_mask'],
                max_length = 64,
                min_length = 1,
                decode_strategy = 'sampling',
                top_k = 5,
                num_return_sequences = 20)

print(ids)
print(scores)
```

以下是输出结果的部分截图。

```
Tensor(shape=[20, 17], dtype=int64, place=CUDAPlace(0), stop_gradient=True,
       [[6   , 763 , 1164, 7    , 3    , 9    , 42   , 25375, 7    , 16   , 2    , 0    , 0    , 0    , 0    , 0    , 0    ],
        [6   , 763 , 215 , 1017, 7    , 3    , 67   , 7    , 2    , 0    , 0    , 0    , 0    , 0    , 0    , 0    , 0    ],
        [6   , 763 , 1164, 26028, 7    , 3    , 9    , 42   , 25375, 7    , 28   , 16   , 2    , 0    , 0    , 0    , 0    ],
        [912 , 3   , 6   , 763 , 215 , 1850, 26028, 7    , 2    , 0    , 0    , 0    , 0    , 0    , 0    , 0    , 0    ],
        [6   , 763 , 23  , 449 , 7    , 3    , 9    , 42   , 25375, 7    , 2    , 0    , 0    , 0    , 0    , 0    , 0    ],
        [6   , 763 , 967 , 26028, 7    , 2    , 0    , 0    , 0    , 0    , 0    , 0    , 0    , 0    , 0    , 0    , 0    ],
        [6   , 23  , 215 , 1850, 25562, 26028, 7    , 3    , 9    , 191 , 86   , 6    , 31   , 40   , 2    , 0    , 0    ],
        [6   , 763 , 967 , 26028, 7    , 2    , 0    , 0    , 0    , 0    , 0    , 0    , 0    , 0    , 0    , 0    , 0    ],
        [6   , 763 , 215 , 2697, 7    , 3    , 9    , 191 , 24   , 86   , 6    , 31 ', 1563, 40   , 2    , 0    , 0    ],
        [912 , 28  , 3   , 6   , 763 , 19698, 197 , 13   , 6    , 87   , 215 , 14381, 26028, 7    , 2    , 0    , 0    ],
        [6   , 763 , 215 , 1017, 25380, 7    , 3    , 9    , 94   , 2    , 0    , 0    , 0    , 0    , 0    , 0    , 0    ],
        [763 , 1164, 7   , 3   , 9    , 94   , 16   , 2    , 0    , 0    , 0    , 0    , 0    , 0    , 0    , 0    , 0    ],
        [912 , 28  , 3   , 6   , 763 , 449 , 26028, 7    , 3    , 6    , 763 , 23   , 215 , 37   , 713 , 7    , 2    ],
        [6   , 763 , 1585, 26028, 7    , 3    , 6    , 10   , 11   , 25620, 4355, 212 , 2    , 0    , 0    , 0    , 0    ],
        [6   , 763 , 1585, 7    , 94   , 2    , 0    , 0    , 0    , 0    , 0    , 0    , 0    , 0    , 0    , 0    , 0    ],
        [6   , 28  , 3   , 6   , 763 , 215 , 1585, 26028, 7    , 94   , 2    , 0    , 0    , 0    , 0    , 0    , 0    ],
        [763 , 215 , 1585, 26028, 7    , 3    , 9    , 42   , 25375, 7    , 94   , 16   , 2    , 0    , 0    , 0    , 0    ],
        [6   , 763 , 1164, 7    , 3    , 9    , 94   , 16   , 2    , 0    , 0    , 0    , 0    , 0    , 0    , 0    , 0    ],
        [912 , 28  , 3   , 6   , 763 , 1585, 26028, 7    , 2    , 0    , 0    , 0    , 0    , 0    , 0    , 0    , 0    ],
        [85  , 3   , 6   , 763 , 1850, 26028, 7    , 2    , 0    , 0    , 0    , 0    , 0    , 0    , 0    , 0    , 0    ]])
Tensor(shape=[20, 1], dtype=float32, place=CUDAPlace(0), stop_gradient=True,
       [[-0.68865520],
        [-1.64710271],
        [-0.70074916],
        [-1.08996773],
        [-1.13671362],
        [-0.86334991],
        [-1.31138635],
```

```
# 将词典 ID 转为对应的汉字
response = []
for sequence_ids in ids.numpy().tolist():
    sequence_ids = sequence_ids[:sequence_ids.index(tokenizer.sep_token_id)]
    text = tokenizer.convert_ids_to_string(sequence_ids, keep_space = False)
    response.append(text)
print(response)
```

因此,当我们在问机器人:“你好啊,你今年多大了”,可以得到的回复结果如下:

```
['你好啊,今年23岁了', '你好,我今年23岁了,你多大了呢', '我今年23岁了', '我都已经30岁了,你多大了呀?', '我今年20岁了,你今年多大了?', '我今年20岁了,你多大了?', '我都已经三十了', '你猜猜,猜不到就不要问我年龄了', '我今年都25了,你多大了', '我今年已经30岁了', '我今年20,我是个大学生', '我今年17', '我今年都已经30了呢,哈哈哈', '我今年25岁了', '我今年23了,你呢?', '我啊,我都25了,你多大了?', '我今年已经26岁了', '我今年已经二十九了,你多大了?', '我已经30岁了,我现在在北京打拼', '我今年已经30了,我的孩子都已经5岁了,你今年多大了']
```

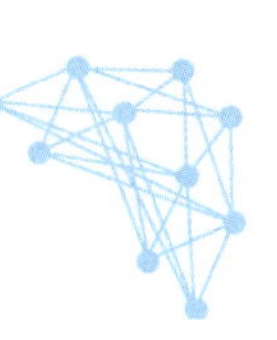

实践二十五(二)：聊天机器人系统评测

我们通过调用 UnifiedTransformer 的生成式 API 完成了和对话系统的一轮交互，那么如何对我们实现的闲聊机器人进行评测呢？最为经典的方式就是看机器人能否通过图灵测试，图灵测试(The Turing test)指的是计算机能够回答由人类测试者提出的一系列问题，并且其中超过 30％的答案能够让测试者误认为是人类所答，那么这台计算机就通过了测试，并被认为具有人类智能。

因此，为了更好地对聊天机器人进行评测，我们基于 PaddleHub 和 Wechaty 实现闲聊的多轮交互，评估对话系统回复的质量。其中，PaddleHub 是基于 PaddlePaddle 开发的预训练模型管理工具，可以基于大规模预训练模型快速完成迁移学习。通过 PaddleHub，开发者可以便捷地获取 PaddlePaddle 生态下的所有预训练模型，涵盖了图像分类、目标检测、词法分析、语义模型、情感分析、语言模型、视频分类、图像生成八类主流模型 40 余个，体验到大规模预训练模型的价值。而 Wechaty 基于微信公开的 API，对接口进行了一系列的封装，提供一系列简单的接口，开发者可以在其之上进行微信机器人的开发。

我们通过 Wechaty 获取微信接收的消息，然后使用 PaddleHub 的 plato-mini 模型根据对话的上下文内容生成新的对话文本，最终以微信消息的形式发送。我们在 AI Studio 的终端界面输入以下命令：

```
# 将项目代码 clone 到当前路径下
git clone https://github.com/KPatr1ck/paddlehub-wechaty-demo.git
# 切换路径
cd paddlehub-wechaty-demo

# 安装依赖：paddlepaddle,paddlehub,wechaty
pip install -r requirements.txt

# 安装项目所需的 PaddleHub 的 module,此 demo 以 plato-mini 为示例
hub install plato-mini==1.0.0

# 在当前系统的环境变量中,配置以下与 WECHATY_PUPPET 相关的两个变量
# 关于其作用详情和 TOKEN 的获取方式,请读者自行查看 https://wechaty.js.org/docs/puppet-
# services/
export WECHATY_PUPPET=wechaty-puppet-service
export WECHATY_PUPPET_SERVICE_TOKEN='your-token'

# 启动闲聊机器人
python examples/paddlehub-chatbot.py
```

脚本成功运行后，终端界面会出现用于登录的二维码，可以通过微信移动端扫码登录，所登录的账号即可作为一个 Chatbot，图 8.2 左侧的内容由 Chatbot 生成和回复。

接下来我们通过分析 examples/paddlehub-chatbot.py 中的代码来看一看这个聊天机器人具体是如何实现的。

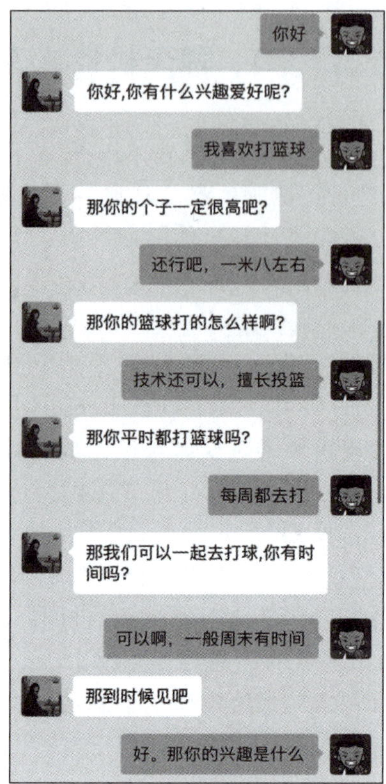

图 8.2　聊天展示

```
# 导入所需要的包
from collections import deque
import os
import asyncio

from wechaty import (
    Contact,
    FileBox,
    Message,
    Wechaty,
    ScanStatus,
)
from wechaty_puppet import MessageType
```

通过以下代码实例化一个预训练好的 plato-mini 模型：

```
import paddlehub as hub

model = hub.Module(name = 'plato-mini', version = '1.0.0')    # 指定预测使用的模型及版本号
model._interactive_mode = True                                # 开启交互模式
model.max_turn = 10                                           # 对话轮次配置
model.context = deque(maxlen = model.max_turn)                # 对话上下文的存储队列
```

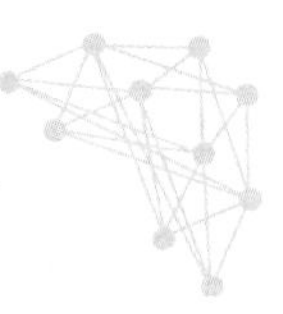

然后我们通过重写 on_message()方法对收到的消息进行回复，该方法是接收到消息时的回调函数，可以通过自定义的条件(譬如消息类型、消息来源、消息文字是否包含关键字、是否是群聊消息等)来判断是否回复信息。在脚本中 on_message()方法的代码如下，回复的条件是：消息类型是文字且文字信息以"[Test]"开头。

```
async def on_message(msg: Message):

    if isinstance(msg.text(), str) and len(msg.text()) > 0 \
        and msg._payload.type == MessageType.MESSAGE_TYPE_TEXT \
        and msg.text().startswith('[Test]'):    # 使用一个特殊的 token 对需要回复的消息进行标记
                                                # 调用模型的 predict()方法生成回复内容
        bot_response = model.predict(data = msg.text().replace('[Test]', ''))[0]
        await msg.say(bot_response)             # 返回机器人生成的对话消息
```

最后我们定义一个 main()函数作为程序的入口函数，完成机器人的实例化并通过调用 on_message()方法对收到的消息进行回复。

```
async def main():
    # 确保已经设置了环境变量 WECHATY_PUPPET_SERVICE_TOKEN 并为其赋值
    if 'WECHATY_PUPPET_SERVICE_TOKEN' not in os.environ:
        print('''
            Error: WECHATY_PUPPET_SERVICE_TOKEN is not found in the environment variables
            You need a TOKEN to run the Python Wechaty. Please goto our README for details
            https://github.com/wechaty/python - wechaty - getting - started/# wechaty_puppet_
service_token
        ''')

    # 聊天机器人实例化
    bot = Wechaty()

    # 调用 on_scan()和 on_login()方法，在控制台上输出用于登录的二维码并打印登录信息
    bot.on('scan', on_scan)
bot.on('login', on_login)
    # 调用 on_message()方法对收到的消息进行回复
    bot.on('message', on_message)

    # 启动聊天机器人,
await bot.start()
```

我们通过使用 asyncio.run()函数来执行异步函数 main()，这种方式使得聊天机器人在启动后，该函数可以在执行过程中被挂起，只有在接收到消息时才继续执行，对收到的信息进行回复。

参考文献

[1] Mikolov T, Chen K, Corrado G, et al. Efficient Estimation of Word Representations in Vector Space [J]. Computer Science, 2013.

[2] Sun Y, Wang S, Li Y, et al. ERNIE: Enhanced Representation through Knowledge Integration [J]. 2019.

[3] Huang Z, Wei X, Kai Y. Bidirectional LSTM-CRF Models for Sequence Tagging[J]. Computer Science, 2015.

[4] Li X, Li F, Pan L, et al. DuEE: A Large-Scale Dataset for Chinese Event Extraction in Real-World Scenarios[M]. 2020.

[5] Sutskever I, Vinyals O, Le Q V. Sequence to Sequence Learning with Neural Networks[C]//NIPS. MIT Press, 2014.

[6] Bahdanau D, Cho K, Bengio Y. Neural Machine Translation by Jointly Learning to Align and Translate [J]. Computer Science, 2014.

[7] Vaswani A, Shazeer N, Parmar N, et al. Attention Is All You Need[J]. arXiv, 2017.

[8] Xiao D, Zhang H, Li Y, et al. ERNIE-GEN: An Enhanced Multi-Flow Pre-training and Fine-tuning Framework for Natural Language Generation[J]. 2020.

[9] Alaparthi S, Mishra M. Bidirectional Encoder Representations from Transformers (BERT): A sentiment analysis odyssey[J]. 2020.

[10] Seo M, Kembhavi A, Farhadi A, et al. Bidirectional Attention Flow for Machine Comprehension [J]. 2016.